Inhalt

1 Ökologie

1 Ökologie

Die Lebensbedingungen in Ökosystemen, wie zum Beispiel in Wäldern, Seen und Flüssen, sind verschieden. Deshalb trifft man dort auch unterschiedliche Lebensgemeinschaften an. Alle Ökosysteme zusammen bilden den belebten Teil der Erde, die Biosphäre.

Die Arten in einem Ökosystem sind auf vielfältige Weise an die jeweiligen Umweltbedingungen angepasst. Viele Ökosysteme sind durch die Nutzung des Menschen stark beeinflusst.

Das lernst du in diesem Kapitel

- Zwischen den Lebewesen in einem Ökosystem bestehen vielfältige Nahrungsbeziehungen.
- Tiere und Pflanzen in einem Ökosystem sind an die Umweltbedingungen angepasst.
- Lebewesen stehen in unterschiedlichen Beziehungen zueinander.
- In Wäldern hängt das Lichtangebot von der Höhe und der Jahreszeit ab und spielt eine wichtige Rolle für Lebewesen.
- Die Wassertemperatur in einem See hängt von der Wassertiefe und der Jahreszeit ab.
- Die Umweltbedingungen in einem Fluss verändern sich von der Quelle bis zur Mündung.
- Wir Menschen sind dafür verantwortlich, unsere Umwelt zu schützen und die Natur schonend zu nutzen.

1.1 Ökosystem Wald

Die Stockwerke des Waldes

1 *Buchenwald und Laubmischwald*

Ein reiner Buchenwald unterscheidet sich deutlich von einem Laubmischwald (Abb. 1). Während große Buchen ein dichtes Kronendach bilden und darunter nur wenig Unterwuchs wachsen kann, finden sich in einem Laubmischwald viele Sträucher, Kräuter und Moose. Die verschiedenen Schichten der Waldvegetation nennt man *Stockwerke*. Ihre Ausprägung hängt neben den klimatischen Bedingungen und dem Mineralstoffangebot vor allem von den Lichtverhältnissen ab.

Stockwerke eines Laubmischwaldes

Das oberste Stockwerk des Waldes setzt sich aus den Blätterkronen der Bäume zusammen und wird daher als *Baumschicht* bezeichnet (Abb. 2). Sie beginnt in etwa fünf Metern Höhe. Bei sehr hoch wachsenden Bäumen wie Rotbuche und Fichte reicht die Baumschicht bis zu 40 Meter hoch. Durch die hohen Baumkronen können Bäume das einfallende Licht nahezu vollständig nutzen. Unterhalb der Baumschicht herrscht ein Mikroklima mit wenig Licht, schwachem Wind und hoher Luftfeuchtigkeit.

Im Gegensatz zu den Bäumen haben Sträucher keinen Stamm und bleiben kleiner. Sträucher wie Haselnuss, Schwarzer Holunder, Himbeere und Brombeere bilden die *Strauchschicht*, die bis fünf Meter hoch reicht. Hierzu zählt man auch junge Bäume mit entsprechender Höhe.

Als *Krautschicht* fasst man alle krautigen Pflanzen zusammen, also solche, die kein Holz bilden. Der Spross dieser Pflanzen ist nicht stabil genug für höheres Wachstum. Neben den Farnen gehören z. B. das Springkraut und das Leberblümchen zu dieser Schicht, die bis zu einem Meter hoch reichen kann.

Die *Moosschicht* setzt sich aus den direkt auf dem Boden aufliegenden Moosen und den Fruchtkörpern von Pilzen zusammen, die nur wenige Zentimeter hoch werden. Moose sind relativ anspruchslos und kommen mit sehr wenig Licht aus.

Im Boden schließlich findet man die *Wurzelschicht* der Pflanzen. Im Sommer, während der Wachstumsphase, nimmt die Lichtintensität von der Baumschicht bis hin zur Moosschicht stark ab (Abb. 3). Das Lichtangebot in den verschiedenen Stockwerken bestimmt, welche Pflanzenarten dort wachsen. Dieser Stockwerkbau ist typisch für einen artenreichen Laubmischwald. Im reinen Buchenwald zeigt sich ein anderes Bild.

2 *Stockwerkbau eines Laubmischwaldes*

Da nur wenig Licht durch die Baumschicht gelangt, sind die darunter liegenden Schichten kaum ausgebildet. Entscheidend ist, wie viel Licht durch die Kronen der hohen Bäume gelangen kann und so für die Pflanzen darunter liegender Stockwerke noch zur Verfügung steht. Die Lichtintensität nimmt im Wald von der Baumschicht bis zur Moosschicht ständig ab.

Veränderungen im Stockwerkbau

Bei dem geringen Lichtangebot unter einem geschlossenen Blätterdach können junge Bäume nicht nachwachsen. Ähnliches gilt für die Sträucher: Jungen Sträuchern genügt das Licht unter den Blättern der alten Sträucher nicht zum Wachsen. Der Stockwerkbau in einem Wald verändert sich daher kaum. Wenn jedoch das Blätterdach aufreißt, z. B. durch das Umfallen alter Bäume bei einem Sturm *(Windbruch)*, beginnt der Wettbewerb unter den jungen Pflanzen um das Licht und es kommt zu Veränderungen im Stockwerkbau. Zuerst wachsen schnellwüchsige Kräuter, bis sie von langsam wachsenden Sträuchern oder Bäumen beschattet werden. Ist die Lücke im Blätterdach schließlich wieder geschlossen, bleiben die Stockwerke längere Zeit unverändert. Obwohl räumlich begrenzte Veränderungen wie das Umstürzen eines Baumes immer wieder auftreten, ändert sich dadurch das Gesamtbild des Waldes kaum.

[► Variabilität]

Schicht	% relative Lichtintensität
Reflexion an den Blättern	10
Baumschicht	79
Strauchschicht	7
Krautschicht	2
Moosschicht	2

3 *Lichtverteilung im Laubwald im Sommer*

AUFGABEN >>

○ **1** Erstelle eine tabellarische Übersicht über die wichtigsten Eigenschaften der Stockwerke im Laubmischwald.

◒ **2** Erkläre, warum in einem alten Buchenwald mit dicht schließenden Baumkronen nur wenig Sträucher und Kräuter wachsen.

● **3** Erläutere, wie ein einzelner Baum in einem naturnahen Wald im Laufe seines Lebens mit zunehmender Lichtintensität zurechtkommen muss.

Frühblüher haben Nährstoffspeicher

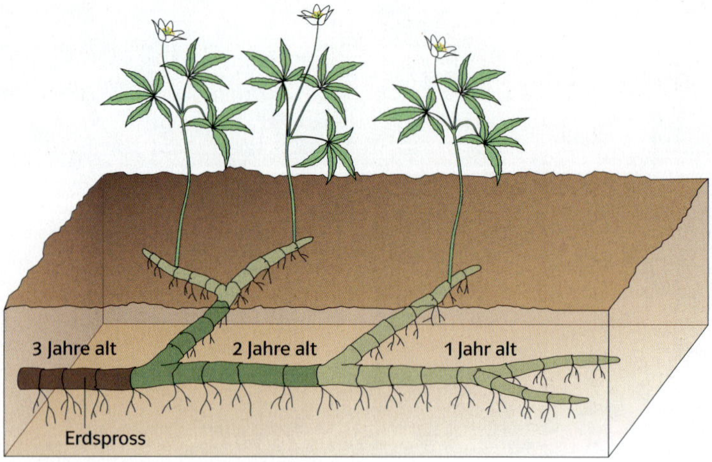

1 *Erdspross des Buschwindröschens*

2 *Buschwindröschen blühen im März*

Ende März findest du in vielen Buchenwäldern ganze Teppiche von *Buschwindröschen* (Abb. 2). Während die Bäume darüber ihre ersten Laubblätter bilden, haben diese Blumen schon längst Blätter und Blüten ausgebildet. Wie können sie kurz nach dem Winter so schnell wachsen und blühen?

Frühblüher haben Speicherorgane

Das besonders schnelle Austreiben und Wachsen der *Frühblüher* ist nur möglich, weil diese in besonderen Organen sehr viele Nährstoffe gespeichert haben. In den grünen Blättern werden Nährstoffe mithilfe von Sonnenlicht gebildet. Wenn eine Pflanze im Frühjahr aber keine Blätter hat, ist das Wachstum nur aufgrund von gespeicherten Nährstoffen aus dem Vorjahr möglich. Während des Sommers wird mithilfe der Fotosynthese Glucose gebildet. Die Glucose kann zu langen Stärkeketten zusammengebaut werden. Die Stärke wird in unterirdischen Speicherorganen wie Erdsprossen, Spross- oder Wurzelknollen gespeichert.

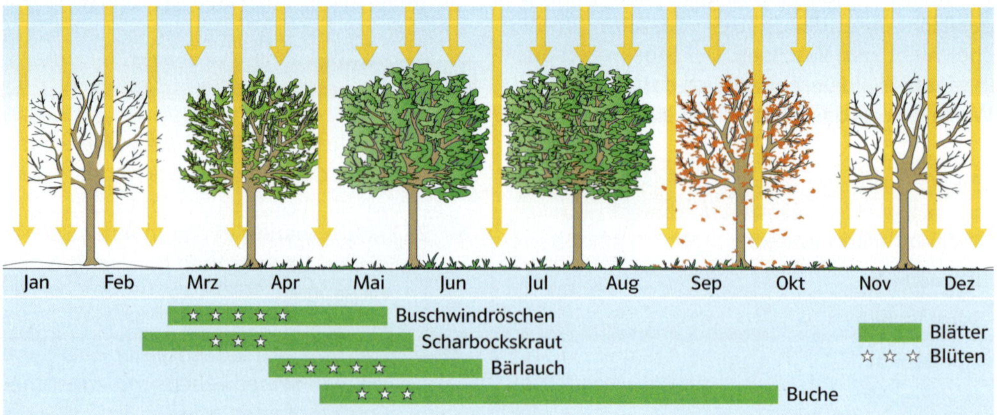

3 *Lichtmenge und Pflanzen im Laubwald*

4 *Wald-Veilchen*

5 *Scharbockskraut*

6 *Bärlauch*

Erdspross

Gräbt man ein Buschwindröschen aus, entdeckt man im Waldboden waagrechte verdickte *Ausläufer*, aus denen nach oben Stängel und an der Unterseite dünne Wurzeln entspringen (Abb. 1). Auch beim *Wald-Veilchen* (Abb. 4) finden sich solche Ausläufer.

Da an diesen Ausläufern winzige Blättchen sitzen, gehören diese nicht zur Wurzel, sondern zum Spross. In diesen *Erdsprossen* ist Stärke gespeichert. Im Frühjahr wird Stärke aus dem Erdspross zu Glucose abgebaut und damit das schnelle Wachstum ermöglicht. Erst die ausgewachsene Pflanze bildet durch Fotosynthese mehr Stärke, als sie zum Leben braucht. Der Nährstoffspeicher in den Ausläufern wird dann wieder aufgefüllt.

Knollen

Auch das *Scharbockskraut* (Abb. 5) blüht schon sehr früh. Es wächst an feuchten Stellen an Bachufern. Bei dieser Pflanze sind Teile der Wurzel verdickt und dienen als Stärkespeicher. Man spricht von *Wurzelknollen*. Aus jeder Wurzelknolle kann eine neue Pflanze entstehen. Auch der Spross kann verdickt sein. *Krokusse* haben *Sprossknollen* als Speicherorgan.

Zwiebel

Ein weiterer Frühblüher im Buchenwald ist der *Bärlauch*. Er hat einen rundlichen Blütenstand aus kleinen weißen Blättern und verströmt einen knoblauchähnlichen Geruch. Er hat verdickte Blätter, die Nährstoffe speichern können. Seine Blätter entspringen unter der Erdoberfläche und bilden eine schlanke *Zwiebel*, in der Nährstoffe gespeichert werden. In Zwiebeln wird nicht Stärke, sondern Zucker als Nährstoff gespeichert.
Im Frühjahr treiben die Zwiebeln aus. Grüne Blätter bilden sich und wachsen aus der Zwiebel heraus.

AUFGABEN >>

○ **1** Erkläre, warum Buschwindröschen im Wald oft in hoher Dichte wachsen.

◒ **2** Erläutere anhand von Abb. 3 die Angepasstheit von Frühblühern an die Lichtmenge im Buchenwald.

● **3** Stelle eine Vermutung an, warum viele Speicherorgane der Frühblüher Stoffe enthalten, die für Tiere giftig sind.

● **4** Plane einen Versuch, mit dem du nachweisen kannst, ob die Speicherorgane Stärke enthalten. Erläutere deine Planung.

Nahrungsbeziehungen im Wald

1 *Nahrungskette aus Eichenblatt, Eichenwicklerraupe, Kohlmeise und Sperber*

Bedeutung des Pfeils:
→ wird gefressen von

Die Kohlmeise lässt sich im Wald gut über längere Zeit beobachten. Sie fliegt wendig durch das Geäst und sucht auf Rinde und Blättern nach Insekten und deren Larven, die sie frisst. Sie versorgt sich so mit Nährstoffen, die sie zum Leben benötigt. Zu ihrer Nahrung gehören z. B. Eichenwicklerraupen, die sich von Blättern der Eiche ernähren. Die Kohlmeise wiederum wird vom Sperber gefressen. Solche Wechselwirkungen zwischen Lebewesen werden als *Nahrungsbeziehungen* bezeichnet, zwischen Tieren auch *Räuber-Beute-Beziehungen* (Abb. 1). Da hier Lebewesen auf andere einwirken, gehören sie zu den *biotischen Umweltfaktoren*.

Nahrungsketten

Alle Lebewesen benötigen Glucose oder andere Nährstoffe. Sie dienen einerseits als Baustoffe und andererseits der Energiebereitstellung. Grüne Pflanzen produzieren ihre Nährstoffe durch die Fotosynthese selbst *(Produzenten)*. Tiere fressen andere Lebewesen und nehmen mit ihrer Nahrung Nährstoffe auf *(Konsumenten)*.

[► Stoff- und Energieumwandlung]

Dabei unterscheidet man zwischen reinen Pflanzenfressern *(Herbivoren)* und Fleischfressern *(Carnivoren)*. Pflanzenfresser wie die Eichenwicklerraupe stehen an erster Stelle der Konsumenten *(Konsumenten 1. Ordnung)*. Sie werden von den *Konsumenten 2. Ordnung* wie der Kohlmeise gefressen, diese von den *Konsumenten 3. Ordnung*, z. B. dem Sperber. Diese Abfolge von Nahrungsbeziehungen nennt man eine *Nahrungskette* (Abb. 1). Eine Nahrungskette umfasst mehrere *Nahrungsstufen* von den Produzenten bis zu den Konsumenten. Die meisten Nahrungsketten enden bei einem Konsumenten 3. Ordnung.

Nahrungsnetze im Wald

Borkenkäfer werden sowohl von Kohlmeisen als auch vom Buntspecht gefressen. Beide Fressfeinde werden ihrerseits vom Sperber erbeutet (Abb. 2). Alle Lebewesen im Wald sind Teil verschiedener Nahrungsketten, die sich vielfältig überschneiden. Diese Vielfalt lässt sich als ein *Nahrungsnetz* aus miteinander verknüpften Nahrungsketten darstellen (Abb. 2). Jedes Lebewesen ist ein Knotenpunkt des Netzes. Je mehr Arten ein Nahrungsnetz umfasst, desto weniger Auswirkungen hat das Aussterben einer Art und desto stabiler ist das Ökosystem.

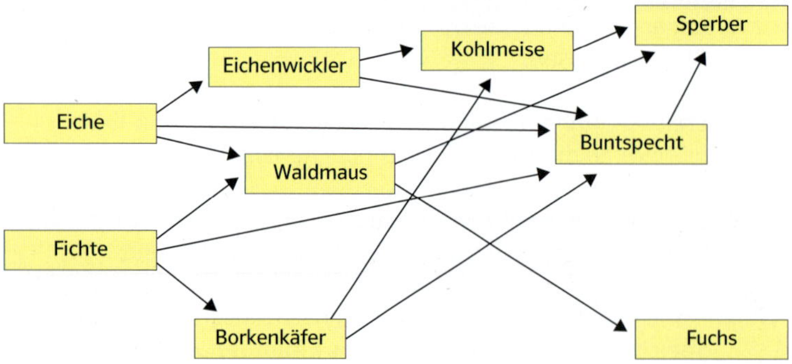

2 *Nahrungsnetz*

Weg der Biomasse

Alle Stoffe, die Lebewesen aufnehmen oder herstellen und in ihrem eigenen Körper als Baustoff speichern, fasst man als *Biomasse* zusammen. Produzenten bilden beispielsweise Nährstoffe, die teilweise als Energiequelle und teilweise als Baustoff dienen. Bäume können über Jahrzehnte Holz bilden und somit sehr viel Biomasse aufbauen und speichern. Im Wald stellen die Produzenten daher einen sehr großen Biomassespeicher dar. Einen Teil dieser pflanzlichen Biomasse nehmen Pflanzenfresser als Nahrung auf und nutzen sie ihrerseits als Energiequelle oder als Baustoff. So gelangt in der Nahrungskette immer nur ein Teil der Biomasse von einer Stufe zur nächsten Stufe. Der restliche Teil wird entweder im Energiestoffwechsel genutzt oder verlässt die Nahrungskette als Kot oder andere tote Biomasse. Bestimmt man auf einer bestimmten Waldfläche die gesamte Biomasse der Produzenten und Konsumenten, ergibt sich eine sogenannte *Biomassepyramide* (Abb. 3).

Energiefluss

Produzenten wandeln die Strahlungsenergie des Sonnenlichts in chemische Energie um (Abb. 4). Die Konsumenten 1. Ordnung nutzen diese chemische Energie der Nahrung für verschiedene Lebensvorgänge. Beispielsweise wandeln sie einen Teil der aufgenommenen Energie in Bewegungsenergie um. Bei jeder Energieumwandlung wird ein Teil der Energie in Form von Wärmeenergie an die Umgebung abgegeben. Ebenso verlässt ein Teil der mit der Nahrung aufgenommenen Stoffe mit dem Kot ungenutzt den Körper. Etwa 90 % der aufgenommenen Energie verlässt in Form von Wärmeenergie oder ungenutzter Biomasse die Nahrungskette. Nur 10 % der Energie werden an die nächste Nahrungsstufe weitergeben. Dementsprechend sinkt in der nächsten Stufe auch die Biomasseproduktion auf ein Zehntel. Da in allen Ökosystemen mit höherer Nahrungsstufe weniger Biomasse gebildet wird, ergibt sich für die Biomasseproduktion immer eine Pyramide.

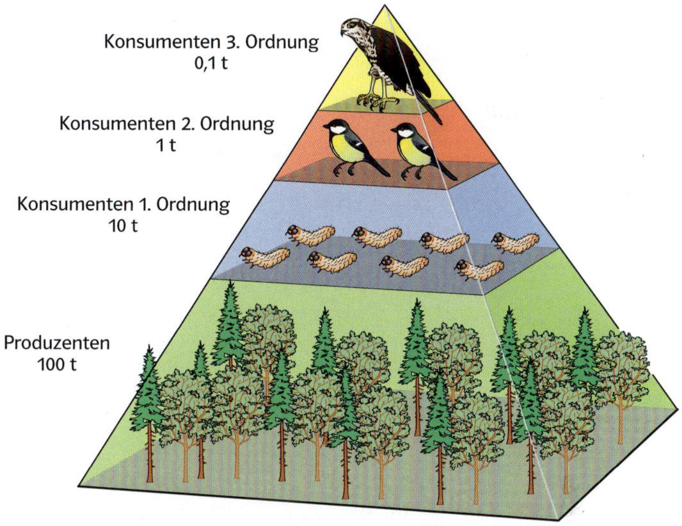

3 *Biomassepyramide für das Ökosystem Wald*

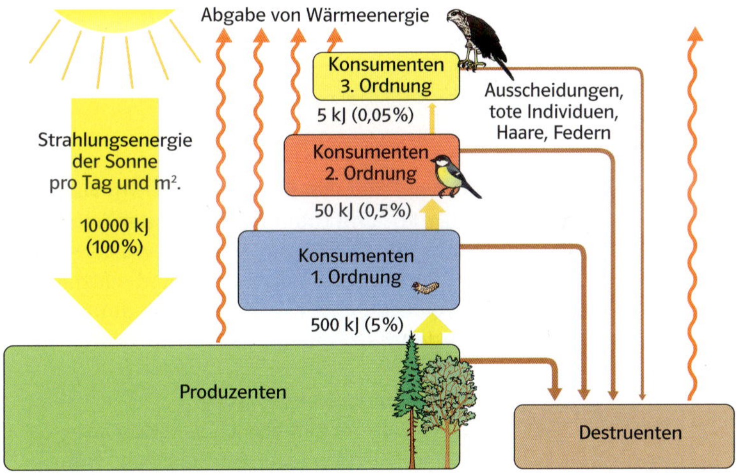

4 *Energiefluss für das Ökosystem Wald*

AUFGABEN >>

1 Erläutere die Abnahme der Biomasse entlang einer Nahrungskette.

2 Erkläre die Biomassepyramide für das Ökosystem Wald durch die Biomasseproduktion und die Speicherung von Biomasse in den Nahrungsstufen.

Destruenten

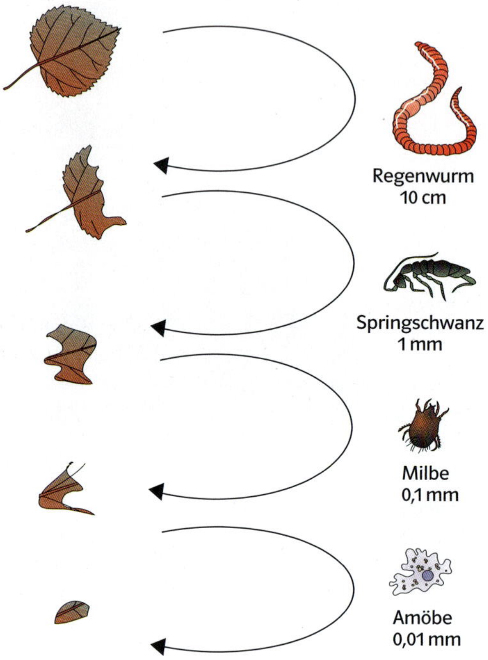

1 *Zersetzung eines Laubblattes*

Im Wald fällt viel Biomasse in Form von Laub, Kot und toten Pflanzen oder Tieren an. Diese tote Biomasse *(Detritus)* würde sich im Wald ansammeln, wenn nicht spezielle Lebewesen all diese Reste rasch abbauen würden.

Leben von toter Biomasse

Eine große Anzahl von Lebewesen hat sich auf die Nutzung toter Biomasse als Nährstoffquelle spezialisiert. Sie werden als *Destruenten* bezeichnet. Abbildung 1 zeigt Lebewesen, die sich von abgefallenem Laub ernähren. Pro Jahr bauen die Destruenten in einem Hektar Waldboden bis zu 15 t Laub und andere Biomasse ab und spielen somit eine wichtige Rolle im Ökosystem Wald.

Manche Destruenten können jeweils nur bestimmte Teile eines Laubblatts abbauen. Gemeinsam zersetzen sie es jedoch nahezu vollständig. Größere Tierkadaver werden unter anderem vom Fuchs genutzt. Was übrig bleibt, dient Insekten und ihren Larven bzw. Pilzen und Bakterien als Nahrung. Die Nährstoffe der toten Biomasse nutzen die Destruenten zum Aufbau eigener Biomasse sowie zur Energieversorgung. Die Energiebereitstellung erfolgt durch die Zellatmung in den Mitochondrien. Dabei wird Glucose mithilfe von Sauerstoff abgebaut und es entstehen Kohlenstoffdioxid und Wasser.

Destruenten düngen den Wald

Bei der Zersetzung der toten Biomasse durch die Destruenten werden die darin enthaltenen Mineralstoffe freigesetzt. Kot enthält für manche Destruenten noch genug Nährstoffe, die sie abbauen können. Auch dabei werden Mineralstoffe frei. Sie lösen sich im Bodenwasser und stehen damit den Pflanzen erneut für ihr Wachstum zur Verfügung.

Die tote Biomasse im Boden wird auch *Humus* genannt. Er besteht insbesondere aus faserigen Pflanzenresten, die nur langsam zersetzt werden. Humus saugt sich mit Wasser voll und bindet einen Teil der Mineralstoffe. Viel Humus im Boden bewirkt, dass er langsamer austrocknet und Mineralstoffe nicht mit dem Regenwasser weggeschwemmt werden. Humus fördert das Pflanzenwachstum.

[► Stoff- und Energieumwandlung]

AUFGABEN >>

○ **1** Beschreibe den Abbau eines Laubblatts mit den dazugehörigen Tieren unter Verwendung von Abb. 1.

◒ **2** Erläutere die Funktionen der Destruenten im Ökosystem Wald.

● **3** Bei der Holznutzung werden Bäume häufig vollständig mit der Rinde und Teilen der Wurzeln aus dem Wald entfernt. Erläutere die langfristigen Konsequenzen.

Praktikum

Untersuchung der Laubstreu

Das Laub in den Baumkronen bewirkt eine geringe Lichtintensität am Waldboden. In der Laubstreu am Boden lebt eine große Anzahl verschiedener Lebewesen, die sich von Laub ernähren und es dadurch zersetzen oder sich räuberisch von anderen Tieren ernähren. Manche Tiere lassen sich mit der Lupe bestimmen, während viele Pilze, Amöben, Einzeller und Bakterien nur mit einem Mikroskop erkennbar sind.

Lichtintensität im Wald

Material
Luxmeter (auch als App)

Durchführung
Messe mit dem Luxmeter die Lichtintensität an verschiedenen Standorten im Wald und außerhalb des Waldes.

AUFGABEN >>

1 Vergleiche die Messwerte von verschiedenen Stellen und erkläre die Unterschiede.

2 Erkläre, warum die gemessenen Unterschiede nicht unserem Seheindruck entsprechen.

Tiere in der Laubstreu

1 *Laubstreu*

Material
flache Schale, Federstahlpinzette, Lupe, Laubstreu

Durchführung
Fülle etwas Laubstreu in die Wanne und sammle mit der Federstahlpinzette möglichst viele Tiere. Bestimme mit der Lupe möglichst viele Tiere und schätze deren Anzahl in der Bodenprobe ab.

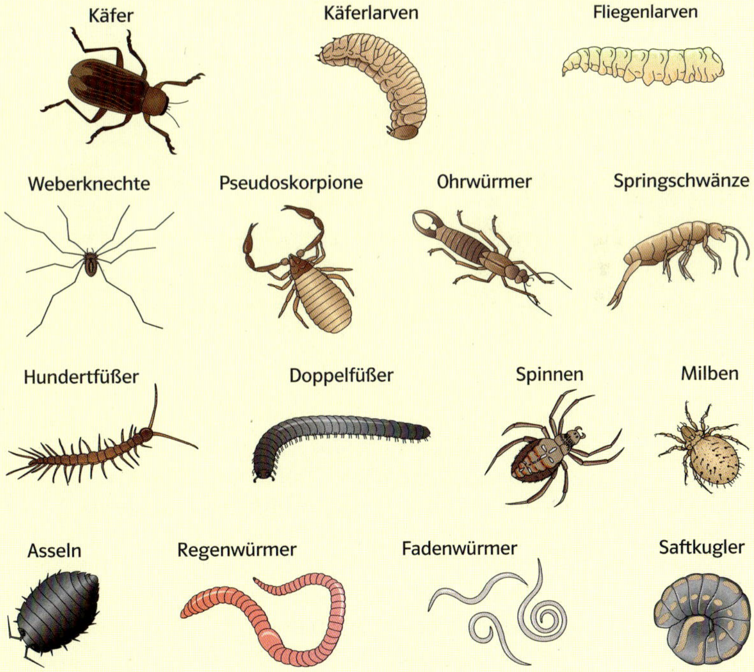

2 *Tiere in der Laubstreu*

AUFGABEN >>

3 Protokolliere die gefundenen Tiere und deren Anzahl.

4 Recherchiere bei ausgewählten Tieren deren Lebensweise.

Kohlenstoffkreislauf

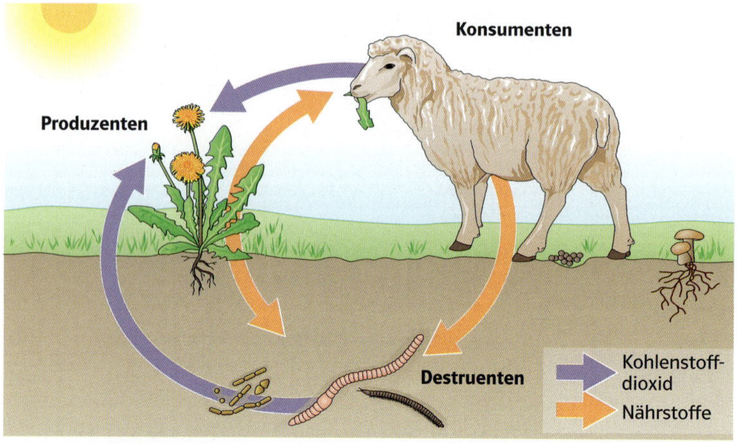

1 *Der biologische Kohlenstoffkreislauf*

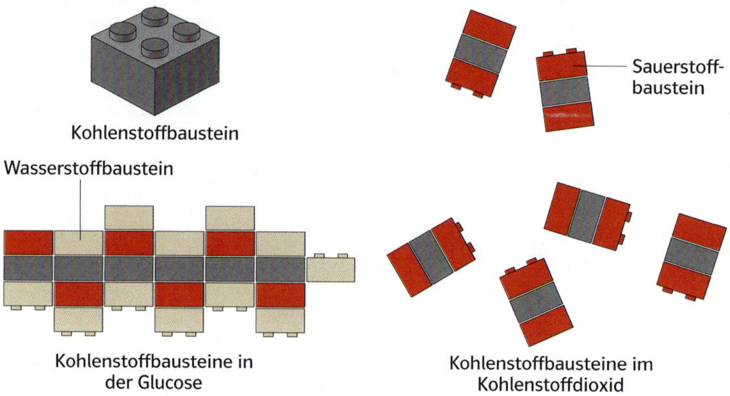

2 *Bausteine als Modell*

Ein ewiger Kreislauf

Glucose, Stärke und Cellulose bestehen neben den Kohlenstoffatomen aus Sauerstoff- und Wasserstoffatomen. Diese kann man sich modellhaft als Bausteine vorstellen (Abb. 2). Damit kann man gut veranschaulichen, dass im Kohlenstoffkreislauf Kohlenstoffbausteine immer unverändert wiederverwendet werden können, ähnlich wie beim Bauen mit Bausteinen. Aus der Luft gelangen die im Kohlenstoffdioxid gebundenen Kohlenstoffbausteine durch die Spaltöffnungen der Blätter in die Zellen der Pflanzen *(Produzenten)*. In den Chloroplasten werden sie in Glucose und Stärke eingebaut. Die Pflanzen werden von anderen Lebewesen gefressen *(Konsumenten 1. Ordnung)*. Frisst ein Tier ein Blatt oder die gesamte Pflanze, gelangen die Kohlenstoffbausteine in den Organismus des Pflanzenfressers (Abb. 1). Glucose liefert dem Körper Energie. In den Zellen wird die Glucose abgebaut. Bei diesem Prozess (Zellatmung) entsteht erneut Kohlenstoffdioxid und die Kohlenstoffbausteine sind nun wieder Bestandteil von Kohlenstoffdioxid, das vom Pflanzenfresser ausgeatmet wird. In der Umgebungsluft angekommen, werden die Kohlenstoffbausteine erneut von den Pflanzen aufgenommen, die Kohlenstoffdioxid für die Fotosynthese benötigen.

Ein großer Teil der Kohlenstoffverbindungen wird im Körper des Pflanzenfressers umgebaut und gespeichert. Die Kohlenstoffbausteine, die sich im Körper des Pflanzenfressers befinden, werden vom Fleischfresser *(Konsument 2. Ordnung)* aufgenommen, umgesetzt, gespeichert und zum Teil auch wieder ausgeatmet. Wenn der Pflanzenfresser nicht von einem Räuber gefressen wird, wird er irgendwann sterben. Auf dem Waldboden werden nun die im toten Körper eingebauten Kohlenstoffbausteine von kleinen Insekten, Würmern, Pilzen und Bakterien *(Destruenten)* herausgelöst. Ein großer Teil gelangt hierbei wieder als Kohlenstoffdioxid in die Umgebungsluft (Abb. 1).

Kohlenstoffspeicher heute

Unsere einheimischen Wälder und viel mehr noch die tropischen Regenwälder sind große Kohlenstoffspeicher. Pflanzen nehmen Kohlenstoffdioxid über ihre Blätter aus der Luft auf. Der tropische Regenwald, der den Amazonas umgibt, nimmt im Jahr ca. 2 Milliarden Tonnen Kohlenstoffdioxid auf. Das durch die Fotosynthese aufgenommene Kohlenstoffdioxid wird in den Pflanzen gespeichert und kann nicht mehr als Treibhausgas wirken. Allerdings wird dieser sehr wichtige Kohlenstoffdioxid-Speicher zunehmend durch den Menschen zerstört. Durch Abholzung und Brandrodung wurden und werden große Teile des tropischen Regenwaldes vernichtet.

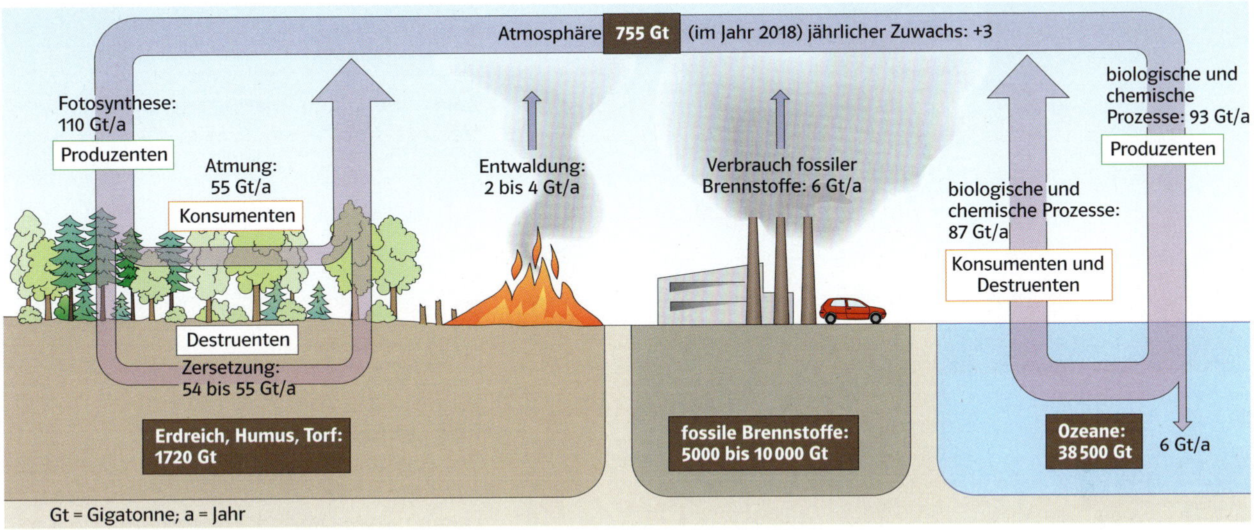

3 *Der globale Kohlenstoffkreislauf*

Die Zerstörung der Regenwälder trägt also nicht nur durch Freisetzung von Kohlenstoffdioxid zur Verstärkung der Klimaerwärmung bei, sie verhindert auch, dass Kohlenstoffdioxid aus der Atmosphäre aufgenommen wird (Abb. 3).

Fossile Kohlenstoffspeicher

Bereits vor ca. 300 Mio. Jahren existierten auf der Erde Wälder mit riesigen Bärlappbäumen, Baumschachtelhalmen und Baumfarnen. Den Unterwuchs dieser Sumpfwälder bildeten Farne und Moosfarne (Abb. 4). Durch das Absinken des Bodens drang das Meer in diese Urwälder vor. Die Pflanzen versanken im Wasser und waren dadurch vom Sauerstoff abgeschlossen. Durch Bakterien und andere Kleinstlebewesen entstand aus den Pflanzenresten Torf. Über lange Zeiträume wurde Geröll, Sand und Schlamm darüber gespült. Dies führte zu einer Druck- und auch Temperaturerhöhung. Über einen Zeitraum von ca. 53 Mio. Jahren bildeten sich auf diese Weise Braunkohle und Steinkohle. Versteinerte Pflanzenreste lassen sich durch Fossilfunde auch heute noch nachweisen. Erdöl und Erdgas entstanden auf ähnlichem Wege.

4 *Rekonstruktion eines Waldes vor ca. 300 Mio. Jahren*

AUFGABEN >>

○ **1** Erkläre anhand von Abb. 3 und des Textes, welche Konsequenzen eine intensive weltweite Aufforstung auf den Kohlenstoffdioxidgehalt der Atmosphäre haben könnte.

◒ **2** Erkläre mithilfe von Bausteinmodellen den biologischen Kohlenstoffkreislauf. Erstelle hierzu mit deinem Smartphone Fotos von den Modellen und fasse die Abbildungen mit einem kurzen Text als Präsentation zusammen.

Pilze im Wald

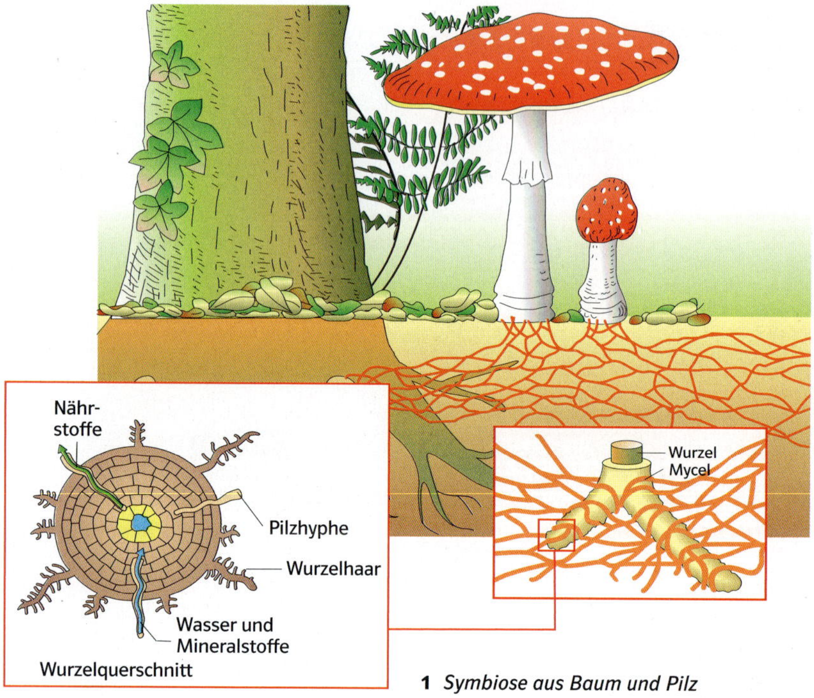

1 *Symbiose aus Baum und Pilz*

2 *Zunderschwamm*

Auf dem Waldboden und an morschem Holz sieht man gelegentlich *Pilze* wachsen. Bei diesem sichtbaren Teil handelt es sich um den Fruchtkörper des Pilzes, der zur Vermehrung dient. Den größten Teil des Pilzes aber sieht man nicht.

Merkmale der Pilze

Pilze unterscheiden sich in mehreren Merkmalen von Pflanzen und Tieren, sie bilden eine eigene Gruppe von Lebewesen. Sie haben Zellwände, die *Chitin* enthalten. Da sie keine Chloroplasten haben, können sie keine Fotosynthese betreiben. Pilze sind also *heterotroph*. Sie durchsetzen nährstoffreiches Substrat mit langen, dünnen Fäden *(Hyphen)*, die an vielen Stellen ein enges Geflecht *(Myzel)* bilden (Abb. 1). Mithilfe ausgeschiedener Enzyme zersetzen sie die Nährstoffe außerhalb ihres Körpers und nehmen anschließend die Bausteine über die große Oberfläche der vielen feinen Pilzhyphen auf.

Holz abbauende Pilze

Der Zunderschwamm ist ein typischer *Baumpilz*. Man findet ihn an kranken und toten Laubbäumen (Abb. 2). Werden lebende Bäume von solchen Holz zersetzenden Pilzen geschädigt, spricht man von *Parasitismus*. Über längere Zeit kann der Parasitenbefall zum Absterben des Baumes führen.

Mykorrhiza-Pilze

In der Nähe von Fichten kann man *Fliegenpilze* finden. Die Pilzhyphen nehmen Wasser und Mineralstoffe aus dem Waldboden auf. Um die feinen Haarwurzeln der Bäume bilden die Hyphen ein dichtes Geflecht *(Mykorrhiza)*. Außerdem dringen sie in die Wurzeln der Bäume ein und entziehen ihnen Nährstoffe (Abb. 2). Der Pilz versorgt den Baum seinerseits mit Wasser und Mineralstoffen aus dem Boden. So bekommt der Baum mehr Mineralstoffe als er selbst aufnehmen könnte. Eine Beziehung verschiedener Arten mit wechselseitigem Nutzen heißt *Symbiose*.

[► Struktur und Funktion]

AUFGABEN >>

○ **1** Beschreibe die verschiedenen Ernährungsformen der Pilze.

◒ **2** Nenne weitere Beispiele für das Prinzip der Oberflächenvergrößerung.

Material

Bäume als Lebensraum

Bäume beeinflussen maßgeblich die Artenvielfalt und die Zusammensetzung der Lebensgemeinschaft im Wald. Sie bieten Lebensräume für verschiedene Tiere und andere Organismen.

Baumhöhlen

Für manche Tier- und Pilzarten sind Bäume nicht nur Nahrungsquelle, sondern wichtiger Teil ihres Lebensraums. Besonders alte, kranke und morsche Bäume werden von anderen Arten vielfältig genutzt.

1 *Spechthöhle*

2 *Fledermaus in Höhle*

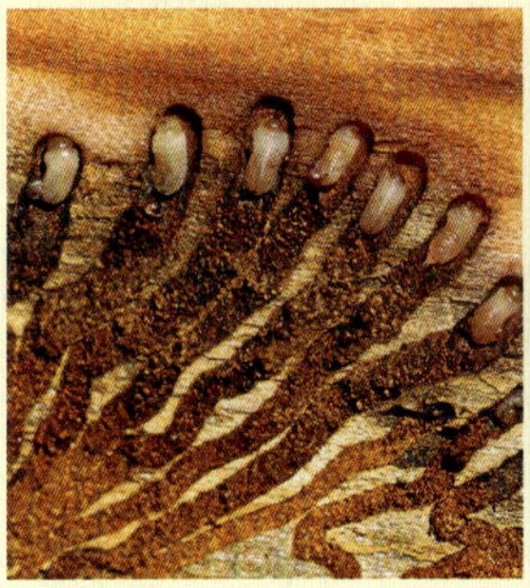

3 *Käferlarven mit Fraßgängen*

4 *Fäulnis im Astloch*

AUFGABEN >>

○ **1** Schließe aus den Abbildungen 1–4 auf die jeweilige Bedeutung des Baumes für andere Lebewesen und erläutere sie.

◒ **2** Erkläre, warum ein Baum innen hohl sein kann und trotzdem weiterlebt sowie lange Zeit nicht bricht.

Flechten

Flechten sind eine Lebensgemeinschaft aus Pilz und Grünalge bzw. Cyanobakterium, die in unterschiedlichen Formen und Farben auf Bäumen und Steinen vorkommt. Eine Lebensgemeinschaft mit gegenseitigem Nutzen der beteiligten Arten nennt man *Symbiose*.

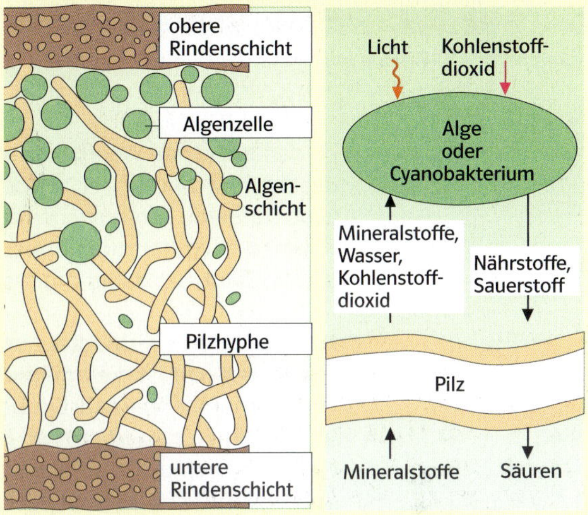

5 *Flechten – eine Symbiose*

6 *Flechten an einem Ast*

AUFGABEN >>

◒ **3** Erläutere die Nahrungsbeziehung zwischen Pilz und Alge anhand von Abb. 5.

● **4** Erkläre, warum Flechten auf einem Baumstamm oder Ast (Abb. 6) diesen nicht schädigen.

Nebeneinander leben im Wald

1 *Buntspecht und Waldbaumläufer*

Zu den typischen Waldbewohnern gehören der *Buntspecht* und der *Waldbaumläufer* (Abb. 1). Beide Arten suchen an denselben Bäumen nach Nahrung. Konkurrieren die beiden Tierarten dabei miteinander?

Der Buntspecht — Meißeln und Hämmern

Der *Buntspecht* ist die am häufigsten vorkommende Spechtart in Deutschland (Abb. 1). Er klammert sich an Baumstämme, weitet mit seinem meißelartigen Schnabel Spalten in der Borke und hackt Löcher hinein. So gelangt er an seine Nahrung unter der Borke und dem darunter liegenden Holz: Spinnen, Käferlarven und andere Insekten. Mit seiner langen, spitzen und mit Widerhaken versehenen Zunge zieht er sie aus ihrem Versteck hervor und frisst sie (Abb. 2). Im Herbst und Winter ernährt er sich zusätzlich von Kiefern- und Fichtensamen. Zum Brüten, Übernachten und Überwintern meißelt er Höhlen in Baumstämme. Diese wechselt er häufig. Alte verlassene Höhlen dienen anderen Tieren als Bruthöhlen.

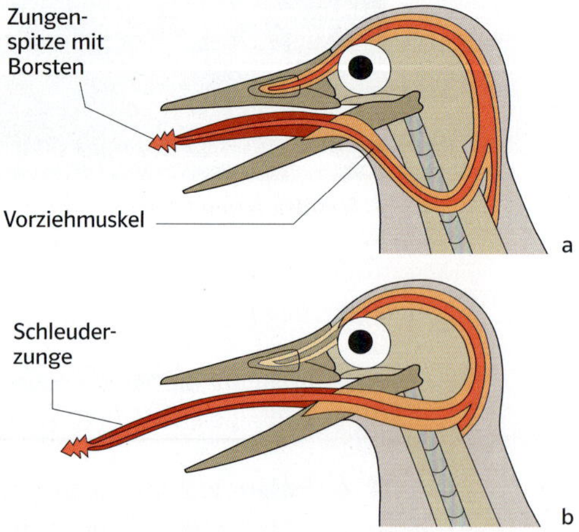

2 *Zunge des Buntspechts*

Der Waldbaumläufer — Stochern und Picken

Der *Waldbaumläufer* (Abb. 1) ist ständig in Bewegung. Er hüpft in kurzen Sprüngen an Baumstämmen hoch, wobei er sich mit seinen Schwanzfedern abstützt. Oben angekommen fliegt er zur Basis des nächsten Baumstamms und zeigt das gleiche Verhalten. Er bevorzugt dabei Bäume mit dicker Borke und tiefen Spalten. Mit seinem langen, pinzettenartigen Schnabel stochert

Buntspecht
Borkenkäferlarven und andere Holz bewohnende Insekten, Raupen, Ameisen, Würmer, Samen von Fichten- und Kiefernzapfen, Hasel- und Walnüsse, Vogeleier, Jungvögel, Beeren, gelegentlich Früchte wie Äpfel und Kirschen
Waldbaumläufer
kleine Insekten, Spinnen, kleine Raupen, kleine Pflanzensamen

3 *Nahrungsspektrum beider Arten*

er nach Insekten und Spinnen. Auch im Herbst und Winter jagt der Waldbaumläufer nach tief in den Spalten verborgenen Tieren und ernährt sich zusätzlich von Samen. Zum Brüten und Überwintern baut er sich Nester in Spalten von Baumstämmen.

Ökologische Nischen

Buntspecht und Waldbaumläufer sind in Körperbau und Verhalten unterschiedlich an ihren Lebensraum angepasst. Das zeigt sich unter anderem bei der Nahrungsbeschaffung, der Art der Nahrung und bei der Jungenaufzucht. Die Ansprüche einer Art an ihre Umwelt werden als ihre *ökologische Nische* bezeichnet. Damit ist kein Raum gemeint, sondern die Gesamtheit der abiotischen und biotischen Umweltfaktoren, die Lebewesen das Überleben und die Fortpflanzung ermöglichen.

[► Angepasstheit]

Konkurrenzverringerung

Die beiden Arten Buntspecht und Waldbaumläufer unterscheiden sich in ihren Ansprüchen und damit in ihren ökologischen Nischen. Dies verringert die Konkurrenz zwischen ihnen. Haben zwei Arten von Lebewesen eine genau gleiche ökologische Nische, so verdrängt langfristig eine der beiden Arten die andere. Über lange Zeit können zwei Arten mit der gleichen ökologischen Nische nicht im selben Gebiet überleben (*Konkurrenzausschlussprinzip*).

AUFGABEN >>

○ 1 Beschreibe die Angepasstheiten von Buntspecht und Waldbaumläufer an ihren Lebensraum.

● 2 Im Wald leben auch Grün-, Schwarz- und Kleinspecht. Erstelle zu einer der Arten einen Steckbrief und erläutere, inwieweit die Art nicht in Konkurrenz zum Buntspecht steht.

Biologisches Prinzip >>

Angepasstheit

Buntspecht und *Waldbaumläufer* sind Beispiele dafür, wie Lebewesen an die Umwelt angepasst sind. Beide Vogelarten können sich mit ihren Krallen an der Borke von Baumstämmen gut festhalten und sich mit ihrem stabilen Schwanz abstützen. So können sie an Baumstämmen hochklettern und nach Nahrung suchen. Während der Waldbaumläufer mit seinem feinen Schnabel nach Tieren in der Borke stochert, schlägt der Buntspecht mit seinem kräftigen Schnabel die Borke auf. Waldbaumläufer und Buntspecht verhalten sich bei der Nahrungssuche unterschiedlich. Der Waldbaumläufer sucht eher kleine Tiere, während der Buntspecht mit seinem kräftigen Schnabel und seiner Jagdmethode eher größere Tiere erbeutet. So sind die beiden Vogelarten mit ihren Füßen an denselben Lebensraum, aber mit ihren Schnäbeln und ihrem Verhalten an unterschiedliche Nahrungsspektren angepasst. Allgemein lässt sich feststellen, dass jede Art an ihre Umwelt durch bestimmte Strukturen und Verhaltensweisen speziell angepasst ist. Die Angepasstheit ist ein *biologisches Prinzip*, das sich bei allen Lebewesen findet.

Der *Sperber* ist ein Greifvogel in unseren Wäldern, der sich von Buntspecht und Waldbaumläufer stark unterscheidet. Er fliegt mit kurzen Flügeln sehr wendig zwischen den Bäumen durch den Wald und jagt kleinere Vögel. Diese erbeutet er meist durch Überraschungsangriffe im Flug mit seinen langen und dünnen Beinen. Die Zehen mit den langen und spitzen Krallen lassen sich so eng schließen, dass er sogar einzelne Federn festhalten kann. Mit dem Hakenschnabel reißt er die Haut seiner Beute auf und gelangt dadurch an seine Nahrung.

4 *Sperber*

AUFGABE >>

Vergleiche die Angepasstheiten von Buntspecht und Sperber, indem du sie tabellarisch gegenüberstellst.

Praktikum

Vegetationskartierung

Das Vorkommen und die Verbreitung von Pflanzen, d.h. die Vegetation in einem Wald, spiegelt die abiotischen und biotischen Lebensbedingungen wider.

Die Analyse der Vegetation ermöglicht Aussagen über den Zustand eines Ökosystems und die Folgen von Einflüssen des Menschen.

Die Vegetationsaufnahme

In einem naturnahen Wald soll die Vegetation erfasst werden. Bei der Festlegung einer aussagekräftigen, also für das Ökosystem repräsentativen Untersuchungsfläche, muss der Abstand zu Lichtungen, Waldwegen, Straßen und Gewässern genügend groß sein.

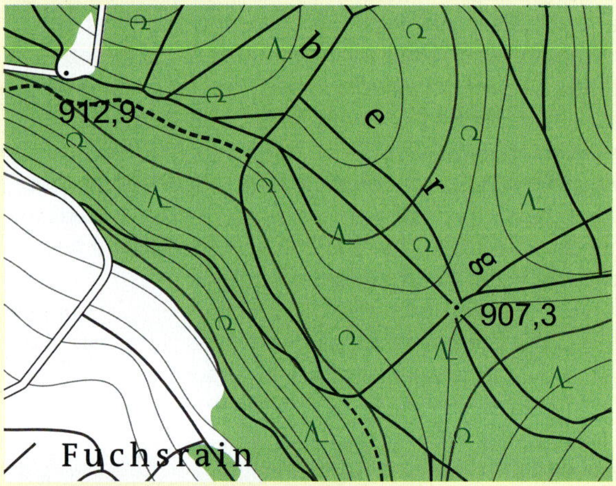

1 *Kartenausschnitt*

Material
Maßband, Schnur, vier Pflöcke, Hammer, Karte (1:25 000), Bestimmungsbücher bzw. Bestimmungs-Apps, Maßband, Schreibzeug, Fotoapparat

Durchführung
Stecke nach Bearbeitung von Aufgabe 1 eine Untersuchungsfläche von 100 m² (10 m × 10 m) ab. Bei der Vegetationsaufnahme werden alle Pflanzenarten bestimmt, die in der Untersuchungsfläche vorkommen. Das gelingt am einfachsten, wenn die meisten Pflanzen blühen, also in der Zeit von Ende April bis Anfang Juni.

Für jede identifizierte Art wird der Deckungsgrad bestimmt. Dabei handelt es sich um den Anteil der Untersuchungsfläche, der von der Art beschattet wird, wenn das Licht senkrecht von oben kommen würde. Man unterscheidet üblicherweise fünf Deckungsgrade (Abb. 2). Die Summe der Werte aller Arten kann 100 % überschreiten.

bedeckte Fläche (%)	0–5	6–25	26–50	51–75	76–100
Deckungsgrad	1	2	3	4	5

2 *Stufen des Deckungsgrads*

Bestimme die auf der Untersuchungsfläche vorkommenden Pflanzen geordnet nach der Schichtung des Waldes (Bäume, Sträucher, Kräuter). Fotografiere Pflanzen, deren Bestimmung dir vor Ort nicht gelingt. Blattform, Blattstellung, Spross und gegebenenfalls die Blüte sollten erkennbar sein. Diese Pflanzen kannst du später anhand der Fotos bestimmen.

Notiere zu jeder bestimmten Art den geschätzten Deckungsgrad. Die durch Baumkronen bedeckte Fläche ermittelst du, indem sich die Gruppenmitglieder so aufstellen, dass sie senkrecht über sich den Rand der Baumkrone sehen.

AUFGABEN >>

1 Wählt nach den genannten Kriterien eine Untersuchungsfläche aus. Tragt diese in deine Karte ein.

2 Protokolliert in einer Tabelle alle Pflanzenarten und notiert jeweils deren Deckungsgrad.

3 Begründet, dass die Summe der bedeckten Flächen 100 % überschreiten kann.

4 Vergleicht eure Skizze und die Liste der von euch bestimmten Arten mit denen der anderen Gruppen.

Die Auswertung

Bärlauch wächst unter natürlichen Konkurrenzbedingungen nur auf Böden mit einem hohen Stickstoffangebot. Er wächst in einem sehr engen Toleranzbereich bezüglich dieses Umweltfaktors. Das Vorkommen von Bärlauch ist ein Indikator für ein hohes Stickstoffangebot im Boden. Pflanzen wie der Bärlauch nennt man *Bioindikatoren*.

Der Botaniker Heinz Ellenberg (1913—1997) ordnete allen mitteleuropäischen Pflanzen für bestimmte Umweltfaktoren sogenannte Zeigerwerte von 1 bis 9 zu (Abb. 3).

Umweltfaktor	1 bedeutet	9 bedeutet
Licht L	Schattenpflanze	Volllichtpflanze
Temperatur T	Kälteanzeiger	Wärmeanzeiger
Kontinentalität K	ozeanisch	kontinental*
Feuchtigkeit F	Trockenanzeiger	Nässeanzeiger
Reaktionszahl R	saurer Boden	Kalkzeiger
Stickstoffgehalt N	N-Mangelzeiger	Stickstoffzeiger

* Klima mit heißen Sommern und sehr kalten Wintern

Für Umweltfaktoren, bei denen die Pflanzen weite Bereiche tolerieren, ist kein Zeigerwert zugeordnet. Das ist mit x gekennzeichnet.

Material
Für die Vegetationsaufnahme im Untersuchungsareal: Tabelle mit Zeigerwerten (Abb. 3). Für die Erstellung der Präsentation: Computer mit Präsentationssoftware

Durchführung
Ermittle für jeden der sechs Umweltfaktoren den mittleren Zeigerwert, indem du folgendermaßen vorgehst:
- Notiere die Werte für die von dir gefundenen Arten in der Liste (z. B. Licht L 3 für die Rotbuche).
- Addiere dann die Werte der gefundenen Arten (z. B. für Licht).
- Dividiere zum Schluss die Summe durch die Anzahl der Arten mit einem Wert für Licht (Arten mit x werden nicht berücksichtigt).

AUFGABEN >>

5 Leitet aus den ermittelten Werten Aussagen über die Untersuchungsfläche ab.

6 Vergleicht eure Ergebnisse mit denen der anderen Gruppen.

Bäume**	L	T	K	F	R	N	Sträucher/Kräuter	L	T	K	F	R	N	Kräuter	L	T	K	F	R	N
Rotbuche	3	5	2	5	x	x	Waldrebe	7	6	3	5	7	7	Walderdbeere	7	x	5	5	x	6
Stieleiche	7	6	8	x	x	x	Haselnuss	6	5	3	x	x	5	Waldgerste	4	5	4	5	7	6
Traubeneiche	6	6	2	5	x	x	Rote Heckenkirsche	5	6	4	5	7	6	Waldziest	4	x	3	7	7	7
Hainbuche	4	6	4	x	x	x	Eingriffliger Weißdorn	7	5	3	4	8	4	Aronstab	3	6	2	7	7	8
Esche	4	5	3	x	7	7	Roter Hartriegel	7	5	4	5	7	x	Einbeere	3	x	4	6	7	7
Winterlinde	5	5	4	5	x	5	Hundsrose	8	5	3	4	x	x	Gemeine Nelkenwurz	4	5	5	5	x	7
Bergahorn	4	x	4	6	x	7	Efeu	4	5	2	5	x	x	Scharbockskraut	4	5	3	6	7	7
Feldahorn	5	6	4	5	7	6	Bärlauch	2	x	2	6	7	8	Heidelbeere	5	x	5	x	2	3
Eberesche	6	x	x	x	4	x	Maiglöckchen	5	x	3	4	x	4	Leberblümchen	4	6	4	4	7	5
Fichte	5	3	6	x	x	x	Buschwindröschen	x	x	3	5	x	x	Wald-Bingelkraut	2	x	3	x	8	7
Weißtanne	3	5	4	x	x	x	Wald-Veilchen	4	x	4	5	7	6	Wald-Hainsimse	4	x	4	5	3	4
Waldkiefer	7	x	7	x	x	x	Waldmeister	2	5	2	5	6	5	Hohler Lerchensporn	3	6	4	6	8	8
Eibe	4	5	2	5	7	x	Sauerklee	1	x	3	5	4	6	Frühlings-Platterbse	4	6	4	5	8	4

** Bei den Baumarten bezieht sich die Lichtzahl auf den Jungwuchs.

3 *Zeigerwerte einiger in Wäldern häufiger Pflanzenarten*

1.2 Gewässerökosysteme
Der See — ein Ökosystem

1 *Uferbereich eines Sees*

Während der Eiszeiten haben Gletscherzungen an vielen Stellen tiefe Senken in unsere Landschaft gegraben. Darin hat sich Wasser angesammelt, in dem sich zahlreiche Lebewesen ansiedeln konnten. So entstanden viele unserer *Seen*. Seen gehören zu den stehenden Gewässern.

Die Zonen eines Sees

Geht man auf einen naturnahen See zu, gelangt man üblicherweise aus einem Wald durch ein Schilfröhricht ans Ufer (Abb. 1). Verschiedene Zonen umgeben den See wie Gürtel (Abb. 2). Sie ergeben sich insbesondere durch den Grundwasserstand.

In der *Bruchwaldzone* reicht das Grundwasser bis fast an die Bodenoberfläche. Die meisten Baumarten können hier nicht leben, weil den Wurzelzellen aufgrund der Nässe der lebensnotwendige Sauerstoff für die Zellatmung fehlt. Spezialisten wie die Schwarzerlen gedeihen jedoch gut. Sie versorgen ihre Wurzeln über Luftkanäle mit Sauerstoff. Die Öffnungen der Kanäle befinden sich am Stamm *(Lentizellen)*.

Innerhalb der Bruchwaldzone schließt sich die *Seggenzone* mit Sauergräsern (vor allem Seggen), Blutweiderich und Sumpf-Schwertlilie an. All diese Pflanzen sind an einen sumpfigen Boden angepasst.

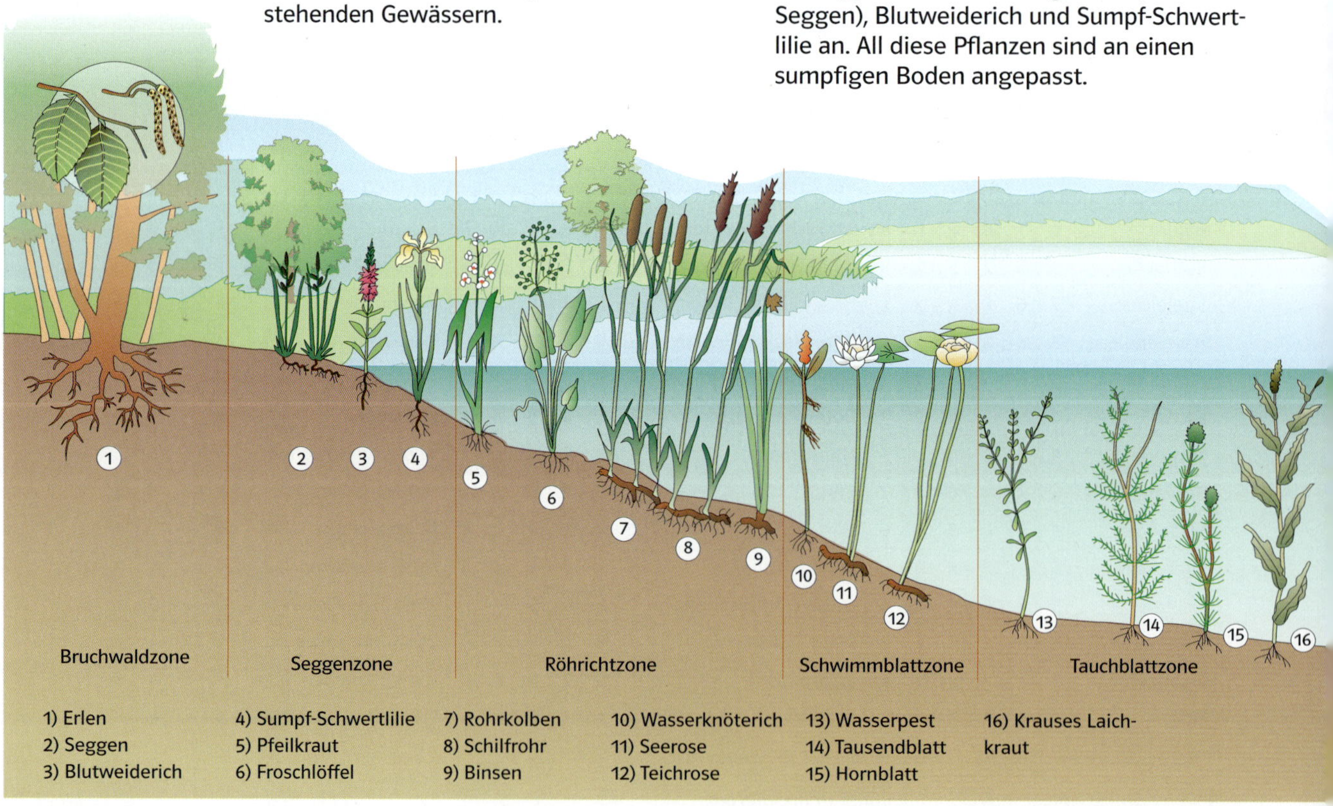

2 *Zonen eines Sees*

Das Schilfrohr in der Röhrichtzone wurzelt bis zu einer Wassertiefe von etwa 1,50 m. Beim Schilfrohr handelt es sich um ein Gras, das Wind und Wellen widersteht, weil seine hohlen Stängel stabil sind. Die Pflanzen sind mit ihren unterirdischen Ausläufern des Stängels *(Erdsprosse)* und ihren Wurzeln im schlammigen Seeboden verankert. Durch die hohlen, über den Wasserspiegel hinausragenden Sprosse gelangt Sauerstoff zu den Wurzeln. Die Hohlräume sind durch die Spaltöffnungen in den Blättern mit der Außenluft verbunden.

[► Angepasstheit]

In Wassertiefen von 1,5 bis 4 Meter wachsen Pflanzen mit Schwimmblättern. Typisch für diese *Schwimmblattzone* sind Seerosen. Ihre Blätter liegen auf dem Wasser, weil sie mit Luft gefüllte Hohlräume aufweisen. Ihre Erdsprosse befinden sich mit den Wurzeln im Schlamm des Seebodens und werden über Kanäle im Blattstiel mit Sauerstoff versorgt. Durch den bis zu vier Meter langen, biegsamen Stiel bleiben die Blätter der Pflanze auch bei unterschiedlichen Wasserständen auf der Wasseroberfläche. Dort betreiben sie mithilfe des Sonnenlichts Fotosynthese.

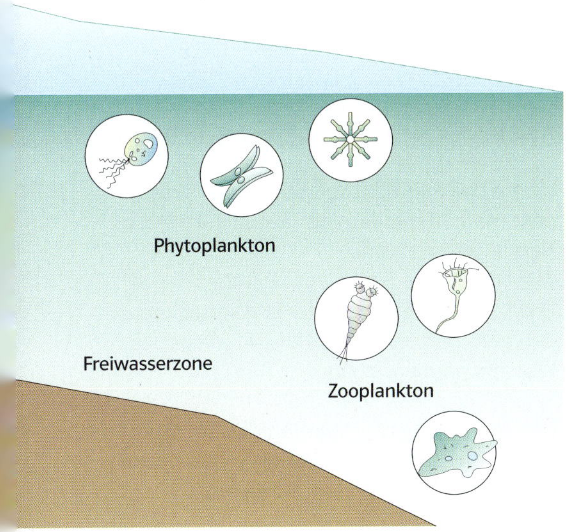

Ab einer Wassertiefe von 4 Metern findet man nur noch Pflanzen, deren Sprosse und Blätter vollständig untergetaucht sind. In dieser *Tauchblattzone* wächst z. B. das Tausendblatt. Seine vielen kleinen Blätter haben zusammen eine so große Oberfläche, dass die Pflanze auch mit der verringerten Lichtmenge unter Wasser genügend Fotosynthese betreiben kann. Die Pflanzen wurzeln im Seeboden.

In der *Freiwasserzone* ist der See so tief, dass am Grund verankerte Pflanzen nicht genügend Licht erhalten. Hier leben frei in den oberen Wasserschichten schwebende Grünalgen. Zusammen mit anderen schwebenden Kleinstlebewesen bezeichnet man sie als *Plankton*.

Alle Planktonorganismen, die Fotosynthese betreiben, werden als *Phytoplankton* zusammengefasst und vom restlichen Zooplankton abgegrenzt.

Biotop und Biozönose

Ein See stellt ein *Ökosystem* dar, das sich gedanklich in einen unbelebten Lebensraum, das *Biotop*, und die darin befindliche Lebensgemeinschaft der Lebewesen, die *Biozönose*, unterteilen lässt. Wie andere Ökosysteme zeigt auch ein See eine typische Schichtung.

Lentizellen der Erle

AUFGABEN >>

○ 1 Um natürliche Seen verlaufen verschiedene Zonen mit bestimmten Pflanzenarten wie Gürtel. Erläutere.

◒ 2 Samen von Schilfrohr gelangen auch an den Grund von Seen und Samen von Tauchblattpflanzen an das Ufer. Erkläre, warum die Zonen eines Sees trotzdem erhalten bleiben.

● 3 Bei einigen Seen ist die typische Zonierung nicht vollständig. Stattdessen reichen Wiesen bis an die Schilfzone heran. Gib eine mögliche Erklärung für diese Beobachtung.

Material

Angepasstheiten bei Pflanzen

Typische Pflanzen eines Sees sind die Gelbe Teichrose und die Wasserpest. Diese Pflanzen zeigen deutliche Angepasstheiten an ihre Umwelt.

Gelbe Teichrose

Die *Gelbe Teichrose* kommt in der Schwimmblattzone von Seen vor. Ihre Blätter schwimmen auf der Wasseroberfläche und sind über einen langen Stängel mit dem dicken Erdspross verbunden, der Stärke enthält.

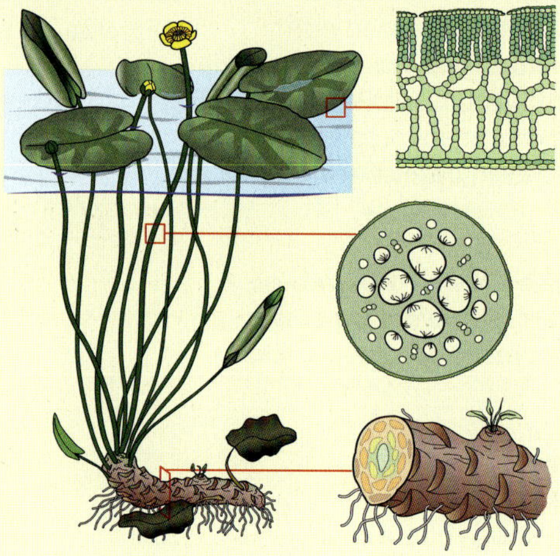

1 *Die Gelbe Teichrose*

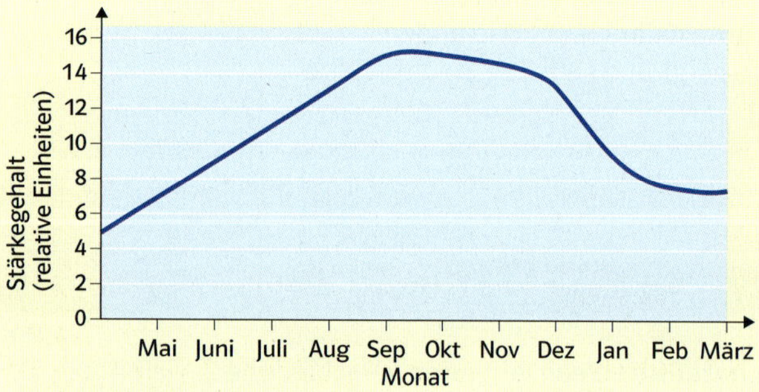

2 *Stärkegehalt im Erdspross*

AUFGABEN >>

◒ **1** Beschreibe mithilfe von Abb. 1 die Angepasstheiten der Teichrose an das Leben im Wasser.

◒ **2** Erläutere den Kurvenverlauf in Abb. 2.

Die Wasserpest

Die *Wasserpest* ist eine Pflanze, die völlig untergetaucht im Wasser lebt. Die Blätter müssen für die Fotosynthese Kohlenstoffdioxid aufnehmen, das im Wasser nur in geringer Konzentration gelöst ist. Die Wurzeln benötigen für die Zellatmung Sauerstoff, der unter Wasser im Schlamm kaum vorhanden ist. Untergetaucht lebende Pflanzen wie die Wasserpest sind an solche Bedingungen angepasst.

3 *Wasserpest*

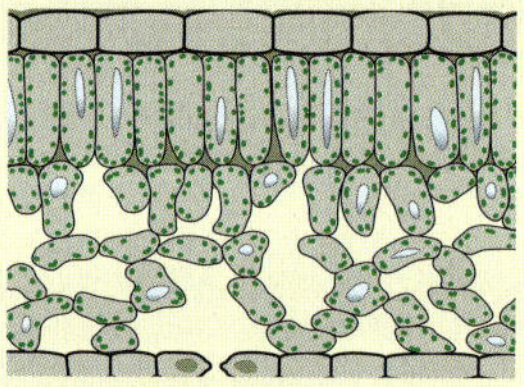

4 *Rotbuchenblatt*

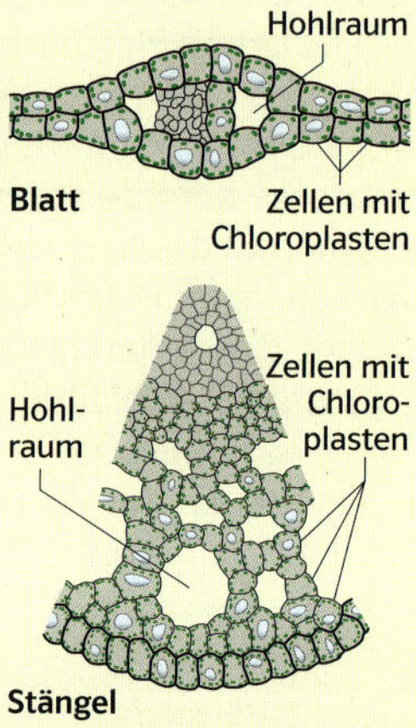

5 *Blatt und Stängel (quer)*

AUFGABEN >>

○ **3** Vergleiche den Blattquerschnitt der Wasserpest (Abb. 3) mit dem der Rotbuche (Abb. 4). Nenne Unterschiede.

◒ **4** Erkläre, wie die Blätter der Wasserpest an den geringen Kohlenstoffdioxidgehalt des Wassers angepasst sind.

◒ **5** Beschreibe Angepasstheiten des Stängels der Wasserpest an den geringen Sauerstoffgehalt im Wasser und im Schlamm.

Material

Tiere im Schilf

In der Röhrichtzone entdeckt man sehr viele Tiere, die an das Leben im Schilf angepasst sind. Auch im Wasser finden sich verschiedene Tiere. Diese sind unter anderem an den geringen Sauerstoffgehalt im Wasser angepasst.

Tiere im Schilf

Verschiedene Tiere haben sich an das Leben im Schilfröhricht spezialisiert. Sie nutzen das Schilf auf unterschiedliche Weise und in unterschiedlicher Höhe.

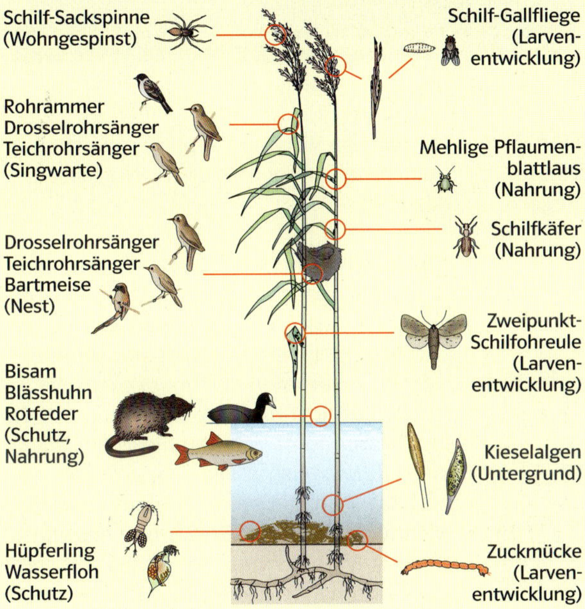

1 *Schilf als Lebensraum*

AUFGABEN >>

○ **1** Ordne den verschiedenen Nutzungsarten des Schilfs tabellarisch die jeweiligen Tierarten zu.

◒ **2** Begründe, warum verschiedene Tierarten unterschiedliche Höhen des Röhrichts nutzen.

◒ **3** Die zigarrenförmigen Gallen der Schilf-Gallfliege werden später von der Schilfmaskenbiene und der Schilf-Grabwespe als Niströhre genutzt. Letztere ernährt ihre Larven gerne mit Blattläusen. Erläutere daran, wie eine hohe Artenvielfalt das Vorkommen weiterer Arten erleichtert.

Atmen im Wasser

Tiere müssen für ihre Zellatmung Sauerstoff aufnehmen und Kohlenstoffdioxid abgeben. Da Wasser nur wenig Sauerstoff enthält, haben sich die Wassertiere an diese Bedingungen angepasst.

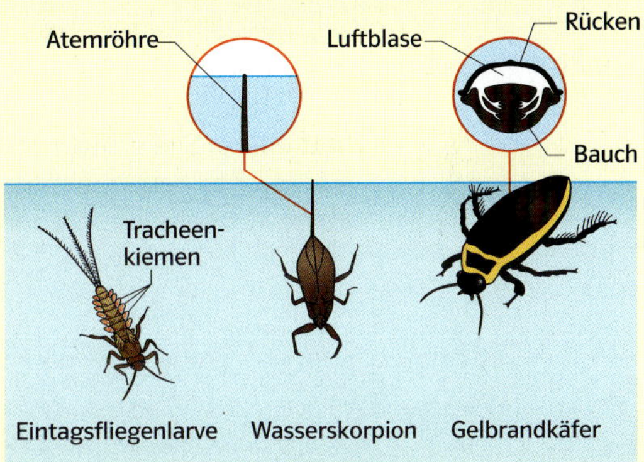

2 *Atmungsorgane bei Wassertieren*

Wassertemperatur (°C)	gelöster Sauerstoff (mg/l)
0	14,16
5	12,37
10	10,92
15	9,76
20	8,84
25	8,11
30	7,53
35	7,04

3 *Sauerstoffgehalt bei unterschiedlicher Temperatur*

AUFGABEN >>

◒ **4** Beschreibe die in Abb. 2 dargestellten Angepasstheiten an das Atmen unter Wasser.

◒ **5** Erläutere die Auswirkungen einer hohen Wassertemperatur auf Tiere im See (Abb. 3).

Nebeneinander leben am See

1 *Löffelente und Reiherente (Männchen)*

Auf einem See schwimmen Löffelente und Reiherente nebeneinander her, scheinbar ohne sich gegenseitig zu stören. Hingegen kommt es zwischen Tieren der gleichen Art manchmal zu Aggressionen. Wie lässt sich das erklären?

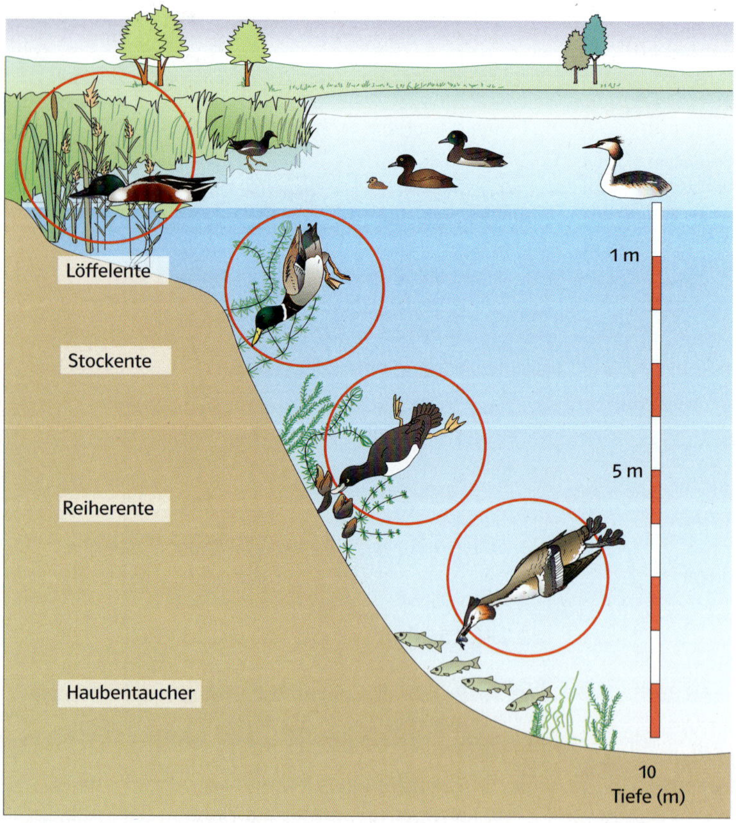

2 *Wasservögel bei der Nahrungssuche*

Nahrungsnischen der beiden Entenarten

Jedes Lebewesen lebt in Wechselbeziehungen zur belebten und unbelebten Umwelt. Alle Ansprüche einer Art an ihre Umwelt werden zusammen als ihre *ökologische Nische* bezeichnet. Betrachtet man nur die Ernährung, so nennt man diese Ansprüche die *Nahrungsnische.* Die Schnabelformen und das Verhalten von Löffelente und Reiherente sind an ihre Ernährung angepasst (Abb. 1). Mithilfe ihres Seihschnabels sieben Löffelenten Planktonalgen aus dem Oberflächenwasser des Sees. Reiherenten hingegen sind gute Taucher. Vor ihren Tauchgängen pressen sie Luft aus ihrem Gefieder. Der verminderte Auftrieb erlaubt es den Vögeln, fünf Meter tief zu tauchen (Abb. 2). In der Tiefe finden sie größere Schnecken und Muscheln. Deren Schalen knacken Reiherenten mithilfe ihres kräftigen Schnabels (Abb. 1). Man erkennt, dass die Entenarten mit Verhalten und Strukturen an ihre Lebensweise angepasst sind.

[► Angepasstheit]

Brutnischen der beiden Entenarten

Die Küken von Löffel- und Reiherente ernähren sich jeweils von kleinen Insekten. Diese fangen die Küken im Uferbereich auf kleineren Ausflügen von ihrem Nest.

Die Brut- und Aufzuchtzeiten der beiden Arten sind jedoch zeitlich versetzt (Abb. 3). So wird vermieden, dass die Nahrung für die Aufzucht der Küken knapp werden könnte.

Konkurrenz innerhalb und zwischen Arten

Löffel- und Reiherente konkurrieren weder um Nahrung noch um Brutmöglichkeiten. Da von den Tieren der jeweils anderen Art keine Bedrohung ausgeht, stünde dem Energieaufwand für eine Auseinandersetzung kein Nutzen gegenüber. Deshalb können die Arten friedlich nebeneinander existieren.

Individuen derselben Art stellen an ihre biotische und abiotische Umwelt die glei chen Ansprüche. Sind beispielsweise Nahrung oder Geschlechtspartner knapp, kann aggressives Verhalten auftreten. Es führt dazu, dass aggressive Individuen ihren Artgenossen gegenüber im Vorteil sind, sofern Energieaufwand und Verletzungsrisiko nicht zu groß sind. So kann man erklären, warum Enten verschiedener Arten auf einem See meist friedlich zusammenleben, während man bei Artgenossen manchmal Auseinandersetzungen beobachten kann.

Das Konkurrenzausschlussprinzip

Je ähnlicher die ökologischen Nischen zweier Arten sind, desto größer ist die Konkurrenz. Ist eine Art auch nur ein wenig konkurrenzstärker, so wird sie die andere Art langfristig verdrängen. Dieses Phänomen bezeichnet man als *Konkurrenzausschlussprinzip*. Damit erklären Biologen, warum bestimmte Arten in einem Lebensraum gemeinsam leben können, andere hingegen nicht. Löffel- und Reiherenten unterscheiden sich in der Ernährung und den Brutzeiten so stark, dass sie nicht unter dem Konkurrenzdruck der jeweils anderen Art stehen. Es liegt *Konkurrenzvermeidung* vor.

Eingewanderte Arten

Vor etwas über 100 Jahren gelangten einige aus Nordamerika eingeführte Bisams in Europa in die freie Natur. Heute sind sie in ganz Europa verbreitet. In den Uferregionen von Seen fressen sie teilweise so viele Pflanzen in der Röhricht- und Schwimmblattzone, dass sie dadurch die Lebensbedingungen dort vorkommender Tiere verändern. Geringe Konkurrenz und wenig Feinde können dazu führen, dass solche eingewanderten Arten *(Neobiota)* sich stark vermehren.

3 *Zeitlich versetzte Brut- und Aufzucht*

AUFGABEN >>

○ **1** Vergleiche tabellarisch die ökologischen Nischen von Reiher- und Löffelente und erkläre, warum sie friedlich nebeneinander existieren können.

○ **2** Beschreibe die Konkurrenzvermeidung am Beispiel von Stockente und Haubentaucher (Abb. 2).

● **3** Erläutere, unter welchen Bedingungen eingewanderte Neobiota bestehende Arten verdrängen können.

Nahrungsbeziehungen im See

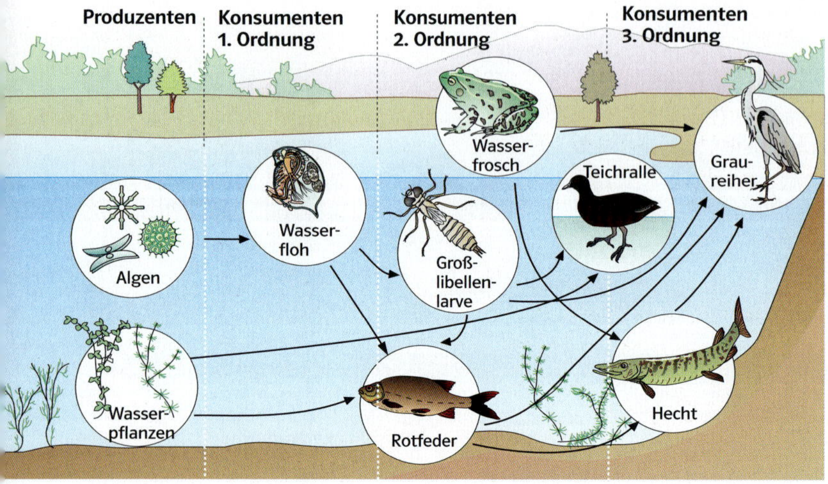

1 *Nahrungsbeziehungen im See*

Mit den ersten sonnigeren Tagen im Frühjahr trübt sich das Wasser in Seen häufig ein, die Sicht in die Tiefe wird schlechter. Mithilfe eines Mikroskops kann man die Ursache für die Eintrübung sichtbar machen: Es sind unzählige grüne Algen und andere Kleinlebewesen, die im Wasser schweben, das *Plankton*.

Ökosystem See

Die Umweltfaktoren, die auf Lebewesen in einem See einwirken, lassen sich einteilen in *abiotische Umweltfaktoren*, wie z. B. die Wassertemperatur, und *biotische Umweltfaktoren*, die durch andere Lebewesen bedingt sind. Bei den Nahrungsbeziehungen lassen sich mehrere Stufen (*Trophiestufen)* unterscheiden. Am Anfang der Nahrungskette stehen Organismen, die Fotosynthese betreiben. Im See sind dies Algen im Plankton und Wasserpflanzen. Sie produzieren ihre Nährstoffe selbst und werden daher als *Produzenten* bezeichnet. Zur nächsten Nahrungsstufe zählen Organismen, die sich von den Produzenten ernähren, die sogenannten *Konsumenten 1. Ordnung*. Räuberisch lebende Tiere, die sich von Pflanzenfressern ernähren, stellen *Konsumenten 2. Ordnung* dar (Abb. 1). Viele solcher *Nahrungsketten* sind zu einem *Nahrungsnetz* verbunden. Innerhalb einer Nahrungskette können sich Schadstoffe (z. B. Schwermetalle, Dioxine und PCB) ansammeln, da jedes Tier viel mehr Biomasse als Nahrung aufnehmen muss, als es selbst enthält.

Nährschicht und Zehrschicht

Grünes Plankton nutzt in der oberen Wasserschicht das Licht zur Produktion von Nährstoffen durch die Fotosynthese. Hier überwiegt die Produktion von Biomasse durch Fotosynthese gegenüber deren Verbrauch durch Zellatmung. Diese Schicht heißt *Nährschicht*. Darunter ist das Lichtangebot so gering, dass die Zellatmung überwiegt, Biomasse wird abgebaut. In diese *Zehrschicht* sinken ständig Überreste von Lebewesen aus der Nährschicht (Abb. 2). Dort dienen diese den *Destruenten* (Zersetzern) als Nahrungsgrundlage.

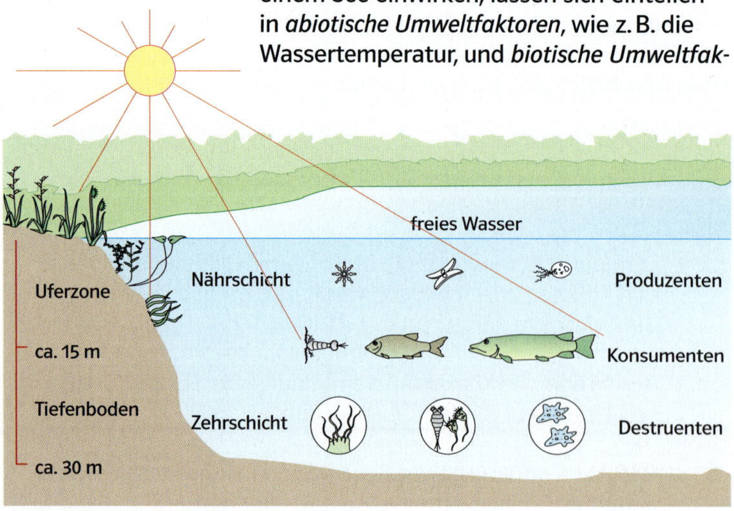

2 *Schichten eines Sees*

AUFGABEN >>

1 Der Graureiher kann sowohl Konsument 2. als auch 3. Ordnung sein. Erkläre dies anhand von Abb. 1.

2 Erkläre, warum wildlebende Raubfische nicht zu häufig verzehrt werden sollten.

Ein See im Jahresverlauf

Im Verlauf des Sommers entwickeln sich Nähr- und Zehrschicht sehr unterschiedlich. Während im oberen Bereich des Sees durch das Pflanzenwachstum Mineralstoffe immer knapper werden und Sauerstoff reichlich vorhanden ist, verringert sich in tieferen Bereichen der Sauerstoffgehalt durch die Zellatmung der dort lebenden Konsumenten und Destruenten. Der Mineralstoffgehalt des Wassers steigt dabei (Abb.).

Stagnation und Zirkulation

Im Sommer durchmischen Winde das Wasser im See nur oberflächlich, da das kältere Wasser am Grund eine größere Dichte hat (Abb. 1). Während dieser *Sommerstagnation* nimmt in der Tiefe der Sauerstoffgehalt ab und der Mineralstoffgehalt zu. Sinkt im Herbst die Wassertemperatur im See auf 4 °C, hat das Wasser überall die gleiche Dichte. Durch die nun mögliche *Herbstzirkulation* gelangen Mineralstoffe nach oben und Sauerstoff in die Tiefe. Wenn im Winter das Wasser weiter abkühlt, tritt wieder eine *Stagnation* ein, da Wasser bei 4 °C die höchste Dichte hat (s. Extra). Auf der Wasseroberfläche kann sich eine Eisschicht bilden. Erst im Frühjahr, wenn das Oberflächenwasser durch die Sonneneinstrahlung eine Temperatur von 4 °C erreicht, erfolgt die nächste *Zirkulation*.

1 *Zirkulation und Stagnation im See*

EXTRA >>

Anomalie des Wassers

Bei den meisten Stoffen steigt die Dichte mit abnehmender Temperatur. Bei Wasser ist dies nicht durchgehend der Fall. Im Bereich von 4 °C bis 0 °C nimmt die Dichte zu und Eis hat eine deutlich geringere Dichte als flüssiges Wasser. Man spricht von der Dichteanomalie des Wassers. Sie erklärt sich durch die sperrige Anordnung der Wasserteilchen im gefrorenen Zustand.

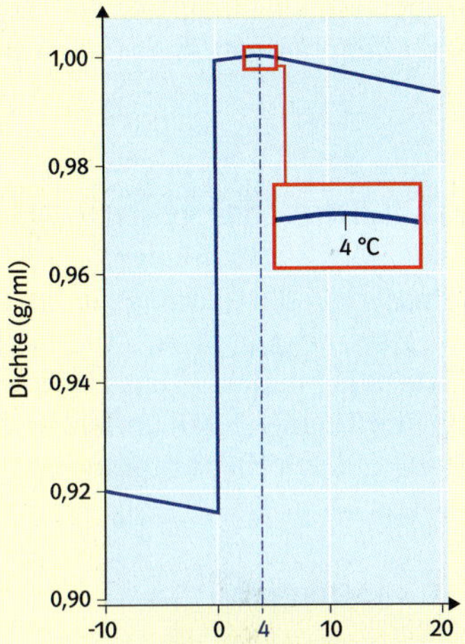

Dichteanomalie des Wassers

AUFGABE >>

Erkläre, dass die Dichteanomalie des Wassers dafür verantwortlich ist, dass Eis auf dem Wasser schwimmt.

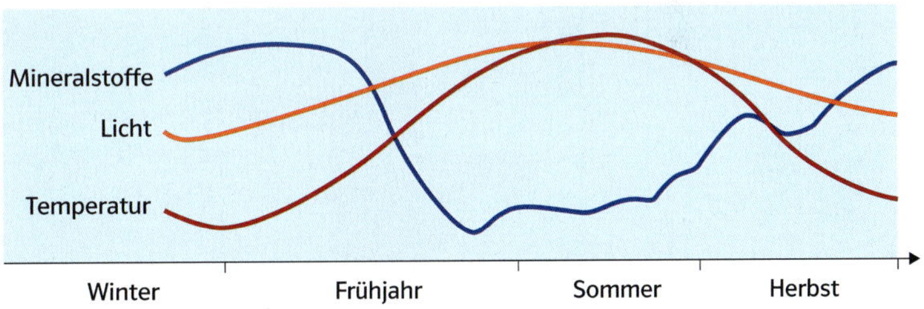

2 *Relative Werte abiotischer Faktoren im Oberflächenwasser*

AUFGABEN >>

● **1** Die Lebensbedingungen im Oberflächenwasser eines Sees sind beträchtlichen Schwankungen unterworfen. Erläutere mithilfe von Abb. 2 und 3.

● **2** Erkläre, warum die Planktonblüte, also die Massenvermehrung von Grünalgen im Oberflächenwasser, im Frühjahr einsetzt. Nutze dazu Abb. 2.

Material

Nahrungsbeziehungen in einem See

Die Lebewesen in einem See stehen untereinander in vielfältigen Beziehungen. Wie in allen anderen Ökosystemen unterscheidet man auch in stehenden Gewässern *Produzenten*, *Konsumenten* und *Destruenten*.

Länge der Nahrungsketten

Erfasst man die Nahrungsbeziehungen verschiedener Ökosysteme (z. B. Meer, Wald, Wiese, See, Fluss) als Kette, stellt man fest, dass Nahrungsketten nicht mehr als fünf Trophiestufen umfassen. Das ist durch den Energiefluss in Ökosystemen bedingt.

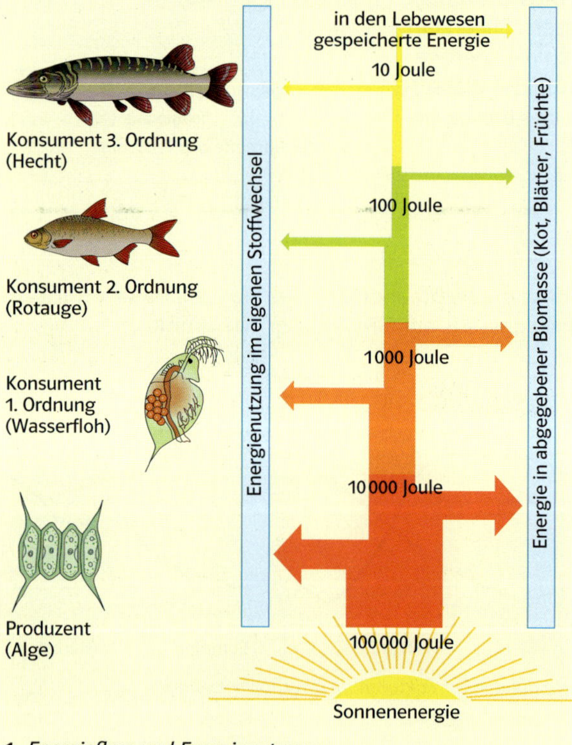

1 *Energiefluss und Energienutzung*

AUFGABEN >>

1 Erläutere die in Abb. 1 dargestellten Zusammenhänge.

2 Erkläre mit dem Energiefluss, warum Nahrungsketten nicht beliebig lang sein können.

Stoffkreisläufe

Die Produzenten benötigen für die Fotosynthese Kohlenstoffdioxid und Wasser sowie Mineralstoffe für das Wachstum. Die von ihnen erzeugte Biomasse ist die Nahrungsgrundlage für alle Lebewesen im See. Es liegen Stoffkreisläufe vor.

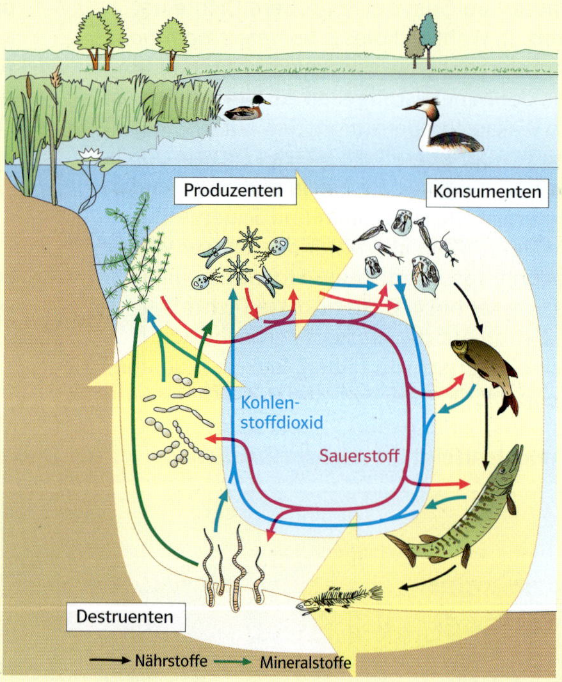

2 *Stoffkreisläufe im See*

AUFGABEN >>

3 Erläutere den Kreislauf des Sauerstoffs mithilfe von Abb. 2.

4 Die Stoffkreisläufe werden von der Energie der Sonne angetrieben. Nimm Stellung zu dieser Aussage.

Material

Symbiose und Parasitismus

Zwischen Lebewesen im See bestehen vielfältige Wechselwirkungen. Beziehungen zwischen Arten mit gegenseitigem Vorteil heißen *Symbiosen*.

Dagegen spricht man von *Parasitismus*, wenn nur eine Art einen Vorteil hat und die andere Art geschädigt wird.

Grüne Hydra

Süßwasserpolypen der Gattung *Hydra* sind sehr einfach aufgebaute Tiere mit sechs bis zwölf Tentakeln um den Mund und einem schlauchförmigen Körper. Mit den Tentakeln fangen sie Nahrung aus dem Wasser. Die grüne Hydra *(Hydra viridissima)* beherbergt in ihren Zellen lebende Chlorella-Algen, die dort symbiontisch leben. In Zeiten mit geringem Nahrungsangebot profitiert der Süßwasserpolyp von den Fotosynthese-Produkten der Algen. Darüber hinaus deckt der Polyp durch die Fotosynthese der Algen über die Hälfte seines Sauerstoffbedarfs. Die Algen finden im Polypen Schutz und gute Lebensbedingungen.

1 *Die grüne Hydra (Hydra viridissima)*

AUFGABEN >>

○ **1** Stelle die Beziehung zwischen Algen und Polyp schematisch dar.

◒ **2** In unseren Seen findet sich auch ein Süßwasserpolyp ohne symbiontische Algen *(Hydra vulgaris)*. Erläutere, inwiefern die grüne Hydra bei wechselnden Umweltbedingungen flexibler reagieren kann.

● **3** Die grüne Hydra duldet nur bestimmte Chlorella-Algen in ihren Zellen. Andere Algen werden verdaut. Stelle Hypothesen auf, wie die Chlorella-Algen geschützt sein könnten.

Kuckuck

Der Kuckuck brütet seine Eier nicht selbst aus, sondern legt ein Ei in das Nest anderer Vogelarten, unter anderem des Teichrohrsängers. Frisch geschlüpfte Kuckuck-Küken befördern andere Eier aus dem Nest. Ein Kuckuck-Junges wird oft noch gefüttert, obwohl es schon viel größer als die Wirtseltern ist (Abb. 2).

2 *Teichrohrsänger füttert jungen Kuckuck*

AUFGABEN >>

◒ **4** Stelle die Beziehung zwischen Kuckuck und Teichrohrsänger schematisch dar.

◒ **5** Erläutere, weshalb der junge Kuckuck andere Eier aus dem Nest wirft.

Vielfalt und Angepasstheit

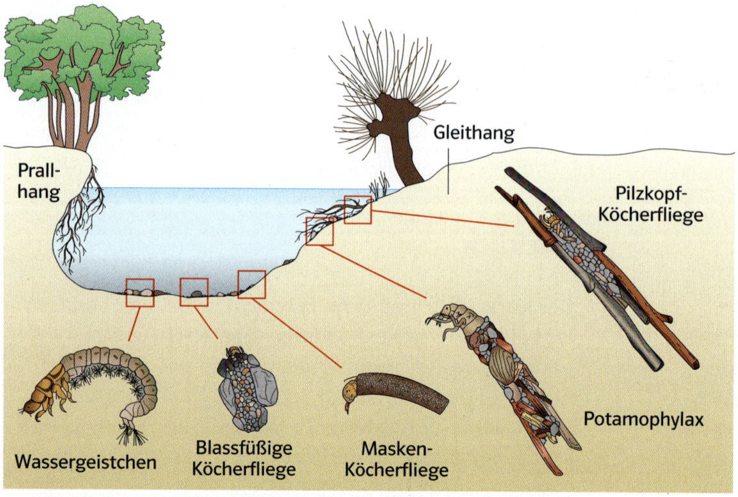

1 *Schutz vor der Strömung bei Köcherfliegenlarven*

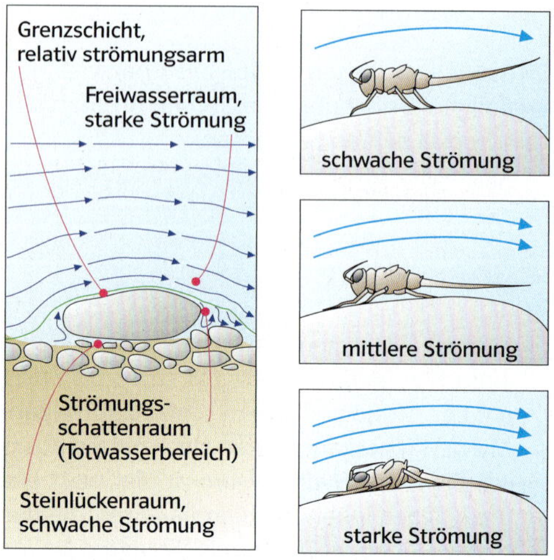

2 *Steinfliegenlarven in der Strömung*

Der Oberlauf eines Flusses ist gekennzeichnet durch schnell fließendes, sauerstoffreiches, kühles Wasser. Arten, die dort leben, zeigen Angepasstheiten an die starke Strömung.

Angepasstheiten bei Köcherfliegenlarven

Die Larven von Köcherfliegen erzeugen Spinnfäden, die sie unterschiedlich verwenden. Manche Arten stellen daraus Netze her, mit deren Hilfe sie ihre Beute fangen. Am Ende ihrer Larvenzeit verwenden Köcherfliegenlarven Spinnfäden, um damit Material aus ihrer Umgebung zu einem schützenden Köcher zu verbinden, der ihnen als Wohnröhre dient (Abb. 1). An einer Flussbiegung fließt das Wasser am Prallhang viel schneller als auf der Innenseite *(Gleithang)*. Die Köcherfliegenlarven am Grund sind an die jeweilige Fließgeschwindigkeit angepasst (Abb. 1). Der Köcher der *Pilzkopf-Köcherfliege* weist neben kleinen Steinchen auch Holzstücke auf, die das Tier in seiner Umgebung mit geringer Strömung findet. Demgegenüber verklebt die Larve der *Blassfüßigen Köcherfliege* kleine und größere Steinchen. Dadurch ist ihr Köcher so schwer, dass das Tier auch von der stärkeren Strömung in seinem bevorzugten Lebensraum meist nicht abgetrieben wird.

Die Verwendung von Baumaterial aus der unmittelbaren Umgebung hat außerdem den Vorteil, dass die Larven sich kaum von ihrem Untergrund abheben. Die gute Tarnung bietet einen Schutz vor Feinden.

[► Angepasstheit]

Steinfliegenlarven in der Strömung

Die Larven von Steinfliegen leben im Ober- und Mittellauf von Flüssen. Sie ernähren sich von Bakterien und Algen, die als dünne Schicht auf Steinen haften. Sie werden trotz starker Strömung selten abgetrieben, da sie stromlinienförmig gebaut sind. Außerdem passen sie sich durch die Wahl des Aufenthaltsortes und durch die Körperhaltung den Bedingungen an (Abb. 2).

AUFGABEN >>

1. Vergleiche die Angepasstheiten der verschiedenen Köcherfliegenlarven aus Abb. 1 an unterschiedlich starke Strömung.
2. Erläutere anhand der Abb. 2, wie sich die Steinfliegenlarve an die unterschiedlich starke Strömung anpasst.

Praktikum

Biologische Gewässeruntersuchung

Biologische Gewässeruntersuchung

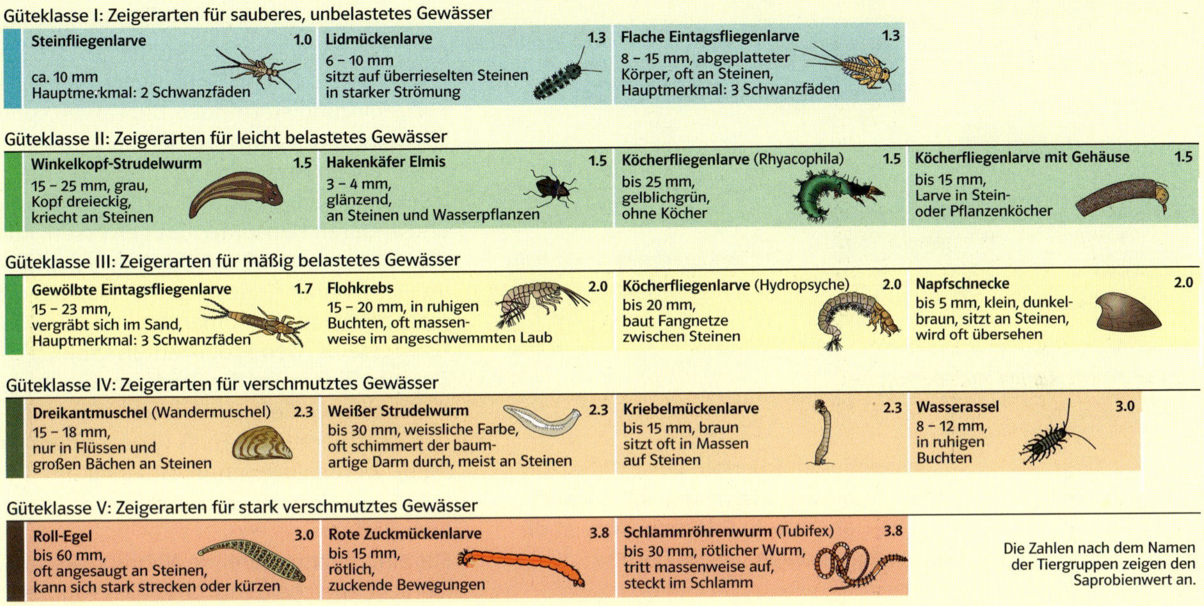

1 *Ausgewählte Zeigerarten für die Gewässergüte mit deren Saprobienwert*

Die biologische Gewässergüte ist ein Maß für die Belastung mit organischem Material bzw. dem Verbrauch von Sauerstoff durch dessen Abbau. Anhand von Zeigerarten lässt sich die Güteklasse ermitteln.

Material
Flache Wanne, Bürste, Federstahlpinzette, Gläser, grobes Sieb

Durchführung
Bestimme mithilfe von Abb. 1 und weiteren Bestimmungshilfen möglichst viele Arten. Notiere zu jeder Zeigerart deren Saprobienwert s (je kleiner die Zahl, desto sauerstoffreicher das Wasser) und deren Häufigkeit h in einer Skala von 1 (einzeln) bis 7 (massenhaft).

Art	s	h	s · h
Eintagsfliegenlarve (flach)	1,3	4	4,2
Eintagsfliegenlarve (rund)	1,7	1	1,7
Köcherfliegenlarve (Rhyacophila)	1,5	2	3,0
Köcherfliegenlarve mit Gehäuse	1,5	3	4,5
Flohkrebs	2,0	2	4,0
Summe		12	17,4
Saprobienindex	17,4 / 12 = 1,45		
biologische Gewässergüte	I – II		

2 *Berechnung eines Saprobienindex*

AUFGABEN >>

1 Berechne den Saprobienindex wie in Abb. 2 dargestellt. Er ist ein Maß für die biologische Gewässergüte.

2 Erkläre, warum im Oberlauf ein geringerer Saprobienindex zu erwarten ist als im Mittellauf.

Nahrungsbeziehungen und Energiefluss

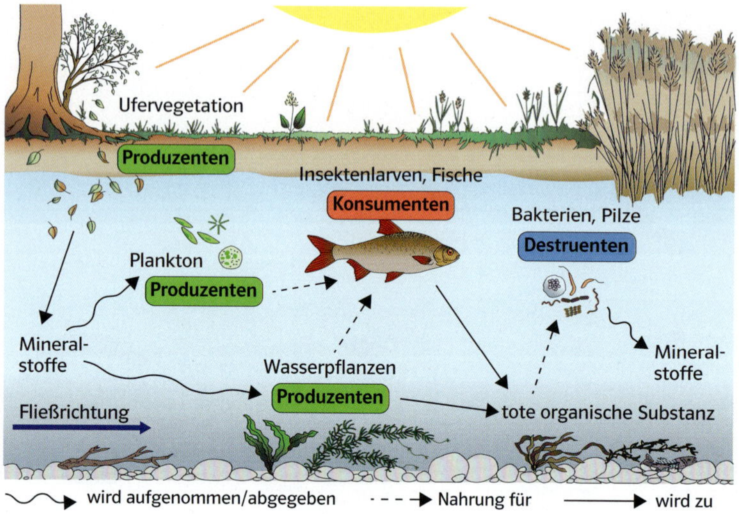

1 *Nahrungsbeziehungen im Fließgewässer*

Insbesondere im Oberlauf eines Flusses findet man einige Fische und viele Insektenlarven, aber kaum Pflanzen. Was ist die Nahrungsgrundlage für die Tiere?

Nahrungskette

Entlang eines Flusses findet ständig ein Stoffeintrag statt. Regen schwemmt Humus am steilen Ufer hinab, Laub von Bäumen und anderes organisches Material fällt ins Wasser. Die darin enthaltenen Nährstoffe können von kleinen Insektenlarven oder anderen Konsumenten genutzt werden. Eingeschwemmte Mineralstoffe führen zu einem Wachstum von Algen und anderen Plankton-Organismen. So entstehen auf Steinen am Grund dünne Algenrasen, die von Insektenlarven abgeweidet werden.

Manche Insektenlarven leben monatelang als Larve im Fluss und nur wenige Tage als erwachsenes Tier an Land, wo nur noch die Fortpflanzung stattfindet. Die Larven speichern im Unterschied zu den kurzlebigen Plankton-Organismen viel Biomasse. Die Insektenlarven wiederum werden von Fischen und anderen Konsumenten gefressen. Auch diese leben oft mehrere Monate oder Jahre im Fluss. Daher findet sich im Fluss viel Biomasse bei den Konsumenten und nur wenig Biomasse bei den Produzenten (Abb. 2). Die tote Biomasse, die Produzenten und Konsumenten liefern, wird schließlich von den Destruenten im Fluss wieder abgebaut. Dabei werden wiederum Mineralstoffe frei.

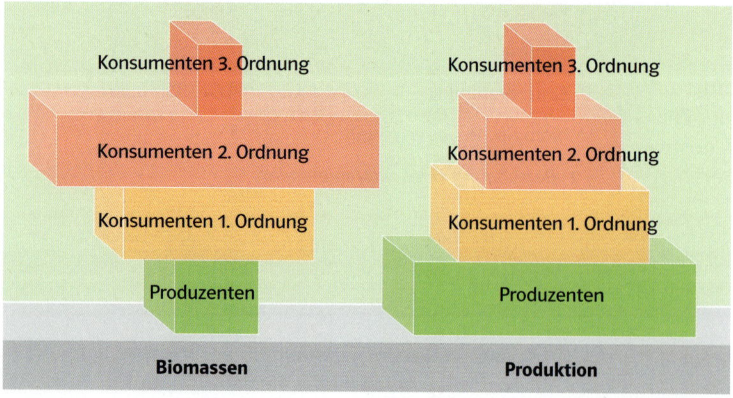

2 *Biomassen und Biomasseproduktion im Fließgewässer*

Energiefluss

Für eine funktionierende Nahrungskette ist nicht entscheidend, dass die Produzenten viel Biomasse speichern, sondern dass diese ausreichend Biomasse produzieren. Je mehr Nährstoffe vom Plankton durch Fotosynthese gebildet werden und je mehr Nährstoffe vom Ufer ins Wasser gelangen, desto mehr Konsumenten können sich direkt oder indirekt davon ernähren. Da bei jeder Stoffumwandlung ein Teil der Energie als Wärmeenergie abgegeben wird und für die Lebewesen nicht mehr verwertbar ist, nimmt die zur Verfügung stehende Energie in der Nahrungskette ab. Entsprechend wird auch im Fließgewässer die Biomasseproduktion von Stufe zu Stufe weniger (Abb. 2).

AUFGABEN >>

○ **1** Beschreibe die Nahrungsgrundlage für die Konsumenten im Fluss.

◒ **2** Erläutere, warum die Biomasse für das Fließgewässer keine Pyramide wie für das Ökosystem Wald ergibt.

Material

Reinhaltung von Fließgewässern

Geringe Verunreinigungen mit Fäkalien und anderen organischen Stoffen werden im Fließgewässer allmählich abgebaut und beseitigt. Für größere Abwassermengen ist eine Kläranlage notwendig.

Selbstreinigung eines Flusses

Die Lebewesen im Fluss können eine geringe Menge ungeklärter Abwässer mit Nährstoffen (Abb. 1) selbst beseitigen. Der Abbau sorgt für einen vorübergehenden Mangel an Sauerstoff und eine Veränderung der Artenzusammensetzung. Nach dem Abbau der zusätzlichen Nährstoffe erholt sich die Situation aber wieder (Abb. 1). Aufgrund der Strömung finden sich nacheinander eintretende Situationen flussabwärts nebeneinander.

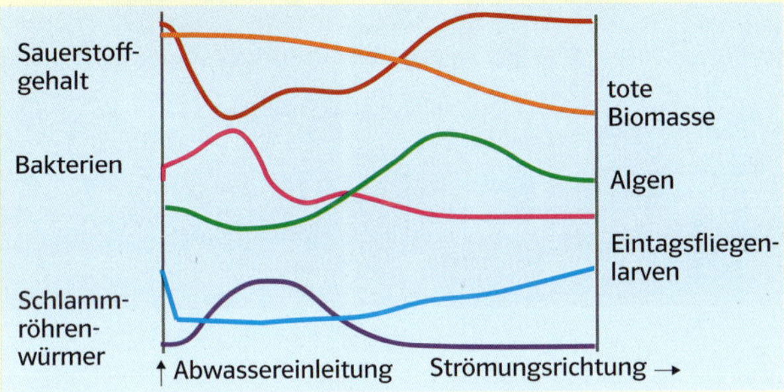

1 *Folgen einer Abwassereinleitung in einen Fluss*

AUFGABEN >>

○ **1** Vergleiche die Messergebnisse für Sauerstoff und Bakterien und erläutere den Zusammenhang.

◒ **2** Erläutere den Verlauf der übrigen Kurven.

Kläranlagen

Abwasser wird heutzutage in Kläranlagen so aufbereitet, dass fast alle Nährstoffe durch Mikroorganismen abgebaut sind. Dies nennt man *biologische Klärung*.

Die Einleitung von geklärtem Abwasser in Flüsse führt nicht zu einer starken Abnahme der Sauerstoffkonzentration.

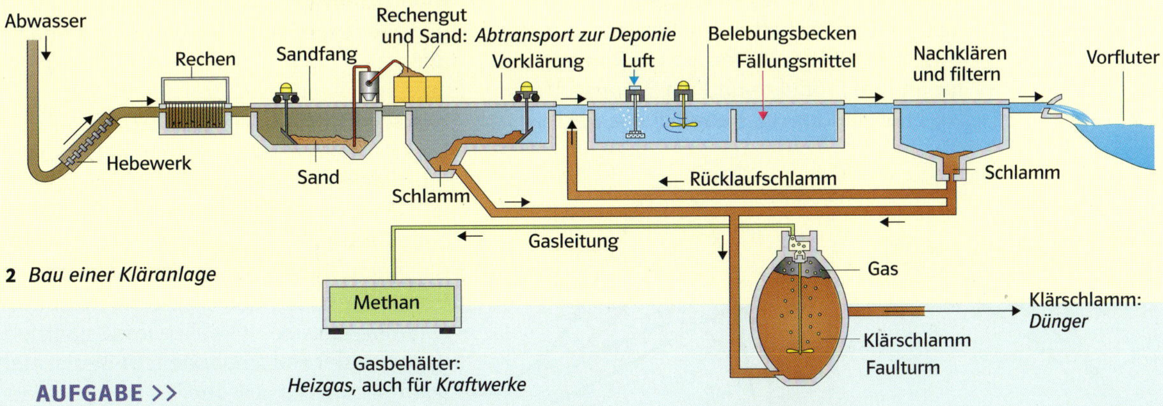

2 *Bau einer Kläranlage*

AUFGABE >>

◒ **3** Erkläre, warum es auch bei der Einleitung von geklärtem Abwasser noch zu einer vorübergehenden Zunahme der Algen kommt.

1.3 Biodiversität und Nachhaltigkeit
Nachhaltige Waldnutzung

1 *Verwendungsmöglichkeiten von Holz*

Etwa 30 % der Fläche Deutschlands sind mit Wald bedeckt. Darunter finden sich keine natürlichen Wälder, sondern wirtschaftlich genutzte Forste. Doch wie lässt sich ein Forst möglichst naturnah und dennoch gewinnbringend nutzen?

Waldwirtschaft ist Holzwirtschaft
Das wirtschaftlich wichtigste Produkt des Waldes ist Holz. Wegen seiner guten mechanischen Eigenschaften lässt es sich vielseitig verwenden (Abb. 1). Holz ist ein Rohstoff für andere Produkte und ein Brennstoff zur Energienutzung. Nadelbäume wachsen gerade und schnell und sind bereits nach ca. 70 Jahren groß und kräftig genug zum Fällen. Solche intensiv für die Holzwirtschaft genutzten Wälder, in denen Bäume gezielt gepflanzt und gefällt werden, nennt man *Forste*. Beispielsweise liefern Fichtenforste Holz für die Papierherstellung und Bauholz. Großflächige Pflanzungen mit nur einer Pflanzenart werden *Monokulturen* genannt. Monokulturen weisen in der Regel eine geringe Artenvielfalt an Tieren und Pflanzen auf.

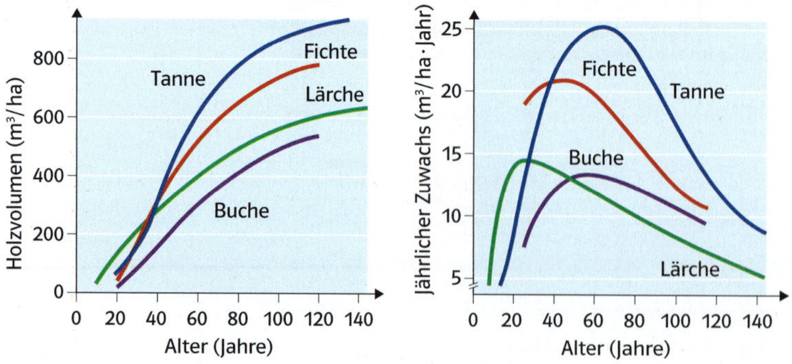

2 *Wachstum und Holzzuwachs einheimischer Baumarten*

Wirtschaftliche Nachhaltigkeit
In der frühen Neuzeit wurden in Europa großflächig Wälder abgeholzt, um das Holz als Bau- und Brennmaterial zu verwenden, auch für den Bergbau und die Eisen- und Glasherstellung. Weil die Bevölkerung beständig wuchs und damit der Holzbedarf zunahm, kam es schließlich im 18. Jahrhundert zu einer Holzknappheit. In Deutschland war nur noch ca. 3 % der Flächen bewaldet. In den Wintern wurden oft entbehrliche Holzgegenstände verheizt. In dieser Zeit kam der Gedanke der *Nachhaltigkeit* in der Forstwirtschaft auf: Es sollten in einem

Gebiet nur so viele Bäume geschlagen werden, wie in gleicher Zeit wieder nachwachsen. Um eine größere Waldfläche zu erreichen, wurden auf abgeholzten Flächen wieder Bäume angepflanzt.

Moderne nachhaltige Forstwirtschaft

Bis vor wenigen Jahrzehnten wurden hauptsächlich Fichtenmonokulturen angepflanzt, um schnell viel Holz zu gewinnen (Abb. 4). Die gleich alten Fichten konkurrieren um Licht und wachsen rasant in die Höhe. Allerdings ist schnell gewachsenes Holz anfällig für Pilze und andere Schädlinge. Hinzu kommt, dass in Monokulturen nur wenige Tierarten existieren können. Es fehlt insbesondere an Konsumenten 2. Ordnung, die Pflanzenfresser beseitigen. Dadurch kommt es leicht zu Massenvermehrungen von Schädlingen wie dem Borkenkäfer. Da sich Borkenkäfer in geschwächten Bäumen vermehren, werden solche Bäume regelmäßig entfernt. Damit fehlen aber auch Nistmöglichkeiten für Spechte und viele andere Käfer wie dem Hirschkäfer (Abb. 3). Seine Larven entwickeln sich in morschem Eichenholz.

Inzwischen hat ein Umdenken in der Forstwirtschaft begonnen. Einige alte Bäume werden nicht gefällt und bei Neuanpflanzungen wird ein Mischwald angepflanzt. Im Altholz können sich viele Käferarten und andere Tiere entwickeln und verschiedene Baumarten schaffen ein reichhaltiges Nahrungsangebot. Solche Maßnahmen erhöhen daher die Artenvielfalt im Wald und schaffen vielfältige Nahrungsbeziehungen. Dies ist nicht nur ökologisch sinnvoll, sondern bietet auch wirtschaftliche Vorteile. Je artenreicher ein Wald ist, desto weniger anfällig ist er für Schädlinge. Ein gesunder Wald erfordert weniger Eingriffe und wird auch kommenden Generationen Holz liefern. Nachhaltige Forstwirtschaft ist ökologisch, wirtschaftlich und sozial sinnvoll.

3 *Männlicher Hirschkäfer*

4 *Fichtenforst mit Neuanpflanzung*

AUFGABEN >>

○ **1** Erstelle eine Mind-Map zu den Verwendungsmöglichkeiten von Holz.

◒ **2** Begründe unter Verwendung von Abb. 2, warum die Fichte in der Waldwirtschaft lange Zeit bevorzugt angepflanzt wurde.

◒ **3** Holz gilt im Gegensatz zu Öl und Kohle als nachwachsender Rohstoff. Erkläre.

◒ **4** Nachhaltigkeit beruht auf drei Säulen: Ökologie, Wirtschaft und Soziales. Erläutere die Idee der Nachhaltigkeit in der Forstwirtschaft.

Altholzentfernung

1 *Ein unordentlicher Wald?*

Soll das Altholz aus Wäldern entfernt werden und wird damit womöglich den Tieren geschadet oder steht der Erholungswert der Besucher im Vordergrund (Abb. 1)? Die Kenntnis der Zusammenhänge sollte Grundlage für eine Entscheidung sein.

Wald als Erholungsort

Seit 1975 hat die Bevölkerung in Deutschland laut Bundeswaldgesetz das Privileg, Wälder ohne Erlaubnis vom Besitzer zum Zwecke der Erholung frei zu betreten. Laut Statistiken suchen etwa zwei Drittel der Deutschen mindestens einmal pro Jahr einen Wald zur Erholung auf. Der Stadtwald von Hannover wird von vielen Hundehaltern zu einem ausgiebigen Spaziergang mit ihrem Hund genutzt. Gerne werden dabei auch kleine Pfade abseits der Hauptwege eingeschlagen. Hier ist das Vorankommen für den Hundebesitzer durch umgestürzte Bäume und Unterholz schwierig. Es entstand der Wunsch, das Altholz entfernen zu lassen.

Die Streuschicht

Der Boden eines Laubwaldes ist bedeckt mit totem, biologischem Material. Dazu zählen vor allem Laub und Äste, aber auch Kot und tote Tiere. Die obere Schicht bilden meist vollständige Laubblätter. Darunter sind die Blätter mit zunehmender Tiefe immer weiter zersetzt. In dieser *Laubstreu* leben viele Tiere, die sich von toter Biomasse ernähren und diese abbauen (*Destruenten*). Hinzu kommen räuberisch lebende Tiere, die sich von Destruenten ernähren. In der Streuschicht kommen häufig Ameisen vor. Sie errichten Hügel vielfach über Baumstümpfen mit begonnener Zersetzung.

Der Buntspecht

Ein häufiger Bewohner von Laub- und Nadelwäldern ist der Buntspecht. In den Sommermonaten ernähren sie sich von Ameisen, aber auch von Blattläusen, Borkenkäfern und Schmetterlingsraupen, die Bäume schädigen können. Der Buntspecht wird deshalb auch als „Freund des Försters" bezeichnet. Buntspechte legen im Laufe eines Jahres mehrere Spechthöhlen an, von denen sie nur einen Teil selbst nutzen. Andere Tiere wie Haselmäuse und Waldkäuze nutzen leer stehende Spechthöhlen.

Der Wald ist zu unordentlich

Im Herzen der Stadt Hannover liegt ein 6,4 km² großes Waldstück, die Eilenriede. Der Wald wird auf vielfältige Weise genutzt: Spazieren gehen, Spielen, Sport treiben u. v. m. Laut einer Umfrage ist der Wald jedoch zunehmend mehr Besuchern zu unordentlich. Es lägen zu viele Äste und umgestürzte Bäume herum. Das Forstamt wurde vielfach aufgefordert, das Altholz aus dem Wald zu entfernen. Für das Forstamt ist aber auch wichtig, dass die Altholzentfernung dem Wald und seinen Bewohnern nicht schadet. Außerdem ist nicht geklärt, wer die Kosten der „Aufräumaktion" übernimmt. Ob die Besucher der Eilenriede einen aufgeräumten Wald bekommen, bleibt abzuwarten.

2 *Zeitungsartikel*

AUFGABEN >>

○ **1** Lies den Zeitungsartikel in Abb. 2 und äußere dich spontan zum Thema „Wald aufräumen".

◒ **2** Begründe deine Position unter Verwendung von Informationen aus dem Text.

METHODE >>

Bewerten

In der Medizin, beim Naturschutz, bei der Tierhaltung und auf anderen Gebieten der angewandten Biologie haben wir es nicht nur mit naturwissenschaftlichen Fakten zu tun.

1. Problemsituation beschreiben und Handlungsmöglichkeiten formulieren
2. Werte formulieren und Werte gewichten
3. Entscheidung fällen und Folgen prüfen

3 *Fahrplan Bewerten in der Biologie*

Problemsituation und Handlungsmöglichkeiten
Der erste Schritt zu einer Entscheidung besteht in der genauen Analyse des Problems. Worüber soll entschieden werden?

Ist das Problem klar formuliert, können Handlungsmöglichkeiten aufgelistet werden. Sie sind häufig gegensätzlich und können sich daher gegenseitig ausschließen.

Werte formulieren und gewichten
Als Werte werden die Vorstellungen von dem bezeichnet, was wir für wünschenswert halten. Nur wenn wir verstehen, welche Werte unseren Handlungsmöglichkeiten zugrunde liegen, können wir verantwortungsvoll entscheiden. Soll den Menschen geholfen oder die Tiere im Wald geschützt werden? Der Vergleich der Sachaussagen alleine kann dabei nicht zu einer wirklichen Entscheidung darüber

Wohlstand	Gesundheit	Freiheit
Sicherheit	Schutz der Arten	Schutz der Natur
Verantwortung	Fortschritt	...

4 *Beispiele für Werte*

führen, wie in dieser Situation gehandelt werden sollte. Hinter der Handlungsmöglichkeit, das Altholz entfernen zu lassen, steht z. B. der Wert „Freiheit". Hinter der Handlungsmöglichkeit, das Altholz nicht zu entfernen, steht z. B. der Wert „Umweltschutz".

Nach Offenlegung der Werte und der Formulierung von Pro- und Contra-Argumenten kann man eine Entscheidung fällen. Das gelingt durch eine Rangfolge der Werte. Der Wert, der die Rangfolge anführt, ist ausschlaggebend für die Entscheidung. So kann die Entscheidung für oder gegen die Altholzentfernung je nach Betrachter unterschiedlich sein. Steht der „Naturschutz" an erster Stelle, so kommt es nicht in Frage, den Wald aufzuräumen. Wenn der Wert „Bewegungsfreiheit" ausschlaggebend ist, sollte der Wald aufgeräumt werden. Man muss sich also seiner Werte bewusst werden.

Folgen abschätzen
Bevor eine Entscheidung in eine konkrete Handlung umgesetzt wird, sind die Folgen abzuschätzen. Das kann sogar dazu führen, dass die einmal getroffene Entscheidung erneut infrage gestellt wird. Wird das Altholz entfernt, könnte dies zum Rückgang des Buntspechtes in diesem Wald führen, wodurch sich Schädlinge stärker vermehren würden. Langfristig könnten sich die Waldbesucher also mehr gestört fühlen als vorher.

AUFGABEN >>

1 Fertige eine Problembeschreibung zum Thema „Altholzentfernung" an. Nenne auch weitere Personengruppen, die direkt oder indirekt betroffen sind, die in den Sachinformationen nicht berücksichtigt werden.

2 Liste mindestens drei Handlungsmöglichkeiten zur Umgehung der Altholzentfernung auf.

3 Benenne jeweils die Werte, die hinter den Handlungsmöglichkeiten stehen.

4 Formuliere zu zwei gegensätzlichen Handlungsmöglichkeiten jeweils ein Pro- und ein Contra-Argument.

5 Fälle für dich eine Entscheidung und schätze die Folgen der von dir gewählten Handlungsmöglichkeit ab.

6 Bereite dich darauf vor, deine Entscheidung begründet deiner Klasse vorzustellen.

1.4 Naturschutz und Nachhaltigkeit
Vielfalt der Insekten fördern

1 *Wiese mit vielen verschiedenen Pflanzen*

2 *Wiese mit wenigen verschiedenen Pflanzen*

Die Wiese — ein künstliches Ökosystem

Eine bunte Blütenwiese mit vielen verschiedenen Pflanzen und eine blütenarme Wiese mit nur wenigen verschiedenen Pflanzen haben eine Gemeinsamkeit: Sie sind künstliche Ökosysteme. Weidetiere fressen die Pflanzen oder die Wiesen werden gemäht. Wiesen würden ohne diese Eingriffe auf Dauer von Sträuchern und später auch Bäumen besiedelt, sodass langsam wieder ein Wald entstehen würde. Diese Sukzession führt zu einer Veränderung und Zerstörung des Ökosystems Wiese.

Verschiedene Bewirtschaftungsformen

Wenn die Eingriffe der Landwirtschaft für den Erhalt der Wiesen notwendig sind, wie kommt es dann zu den unterschiedlichen Wiesentypen? Der Unterschied liegt in der Intensität der Nutzung. Soll auf einer Wiese viel Grünmasse erzeugt werden, die häufig gemäht werden kann, muss mehr gedüngt werden. Die Düngung bewirkt, dass Arten, die mit weniger günstigen Bodenbedingungen auskommen, von wenigen, besonders schnellwüchsigen Kräutern und Gräsern verdrängt werden. Werden die Wiesen nicht intensiv, sondern extensiv bewirtschaftet, produzieren sie weniger Grünmasse. Sie werden nur kurzzeitig beweidet und meistens nur zweimal im Jahr gemäht. Der Unterschied ist sehr gravierend. Auf einer intensiv genutzten Wiese findet man ca. 20 Pflanzenarten, auf einer extensiv genutzten Wiese jedoch 50.

Artenvielfalt auf einer Wiese

Wiesen mit vielen verschiedenen Pflanzen spielen nicht nur bei der Artenvielfalt von Pflanzen, sondern auch bei der Artenvielfalt von Insekten, Spinnen und anderen Tieren eine große Rolle. Insekten erfüllen in der Natur vielfältige Aufgaben. Sie bestäuben Blumen und transportieren teilweise auch den Samen der Pflanzen. Fliegen und Käfer entsorgen Aas oder Kot der anderen Tiere. Ameisen lockern den Boden auf und erleichtern hierdurch die Humusbildung. Gleichzeitig sind Insekten auch Nahrung für andere Tiere. So nimmt mit der Zahl der Insekten und deren verschiedenen Arten gleichzeitig die Anzahl der Spinnen zu. Spinnen brauchen sowohl hochwachsende Pflanzen, um ihre Netze zu spinnen, als auch eine größere Zahl von Insekten, die sich im Netz verfangen. In einem Nahrungsnetz kann die Abnahme der Insektenzahl weitreichende Folgen für andere Lebewesen wie z.B. Mäuse, Vögel oder Fledermäuse, haben, da diese sich z.B. von Insekten, Spinnen oder Regenwürmern ernähren.

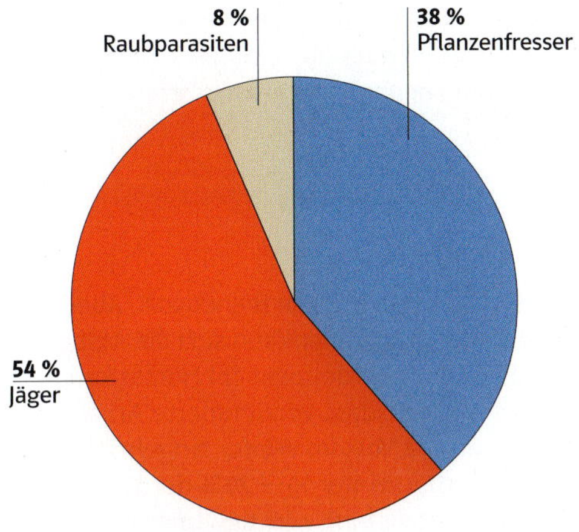

3 *Anteile der Arten*

4 *Untersuchung der Artenvielfalt auf einer Wiese*

Artenvielfalt im Naturschutzgebiet

Die Zahl der Insekten sinkt nicht nur auf den Wiesen, sondern selbst in Naturschutzgebieten. Naturschutzgebiete liegen wie Inseln sehr weit auseinander, sodass die Insekten nicht in der Lage sind, andere zu erreichen. Wissenschaftler haben daher vorgeschlagen, Wildblumenstreifen an Feldern und Wiesen anzulegen, um eine größere Ausbreitung der verschiedenen Insekten zu ermöglichen.

Wissenschaftliche Untersuchungen

Seit 2003 untersuchen Wissenschaftler die Zusammenhänge zwischen Artenreichtum der Wiesenpflanzen und den darauf lebenden Insekten, Spinnen und z. B. Regenwürmer. Hierzu wurde eine große Fläche in 480 Teilflächen (Parzellen) aufgeteilt. Auf diesen wurden Wiesenpflanzen ausgesät (Abb. 4). Die Anzahl der verschiedenen Wiesenpflanzen unterschied sich in den einzelnen Parzellen von 1 bis 64 Arten. In regelmäßigen Abständen wurde die Anzahl der gefangenen Insekten, Spinnen und anderer Tiere gezählt. Um keine zufälligen Ergebnisse zu messen, wurde eine große Individuenzahl ausgewertet. Die Tiere wurden zur besseren Übersicht in drei Gruppen geordnet: Pflanzenfresser, z. B. Grashüpfer, Jäger, die Insekten fangen, wie z. B. Spinnen, und Raubparasiten, die ihre Eier auf oder in andere Insektenlarven legen. Die befallenen Organismen sind dann die Nahrung für die sich entwickelnden Larven. Insgesamt wurden 26 000 Tiere gezählt und Gruppen zugeordnet (Abb. 3). Die wissenschaftlichen Experimente der Ökologen wiesen nach, dass die steigende Vielfalt der Pflanzen nicht nur zu mehr, sondern auch zu einer größeren Vielfalt der Insekten führt.

AUFGABEN >>

1. „Will man wertvolle Wiesen schützen, bedeutet dies nicht, die Natur sich selbst zu überlassen." Erläutere diese Aussage eines Ökologen anhand des Textes.
2. Erläutere, weshalb die Vielfalt der Pflanzenarten und nicht nur deren Anzahl eine entscheidende Rolle für die Insekten und Spinnen spielt.
3. Berechne mithilfe der Abb. 3, wie viele Tiere pro Gruppe gefunden wurden.
4. Plant mit eurer Biologielehrerin oder eurem Biologielehrer, wie man auf dem Schulgelände eine Blumenwiese anlegen kann. Stellt wichtige Kriterien anhand des Textes zusammen und recherchiert im Internet auf den Seiten der Naturschutzverbände unter dem Begriff Blumenwiese.

Material

Neobiota

Der Mensch hat schon immer durch Reisen und Handel Lebewesen in andere Gebiete verschleppt. Arten, die nach der Entdeckung Amerikas im Jahr 1492 in ein neues Gebiet gelangten, heißen *Neobiota*. Dazu zählen Tiere *(Neozoen)* und Pflanzen *(Neophyten)*. Neobiota, die sich im neuen Gebiet stark ausbreiten, nennt man *invasive Arten*.

Die Varroa-Milbe

Die *Varroa-Milbe* ist ursprünglich ein Parasit der Östlichen Honigbiene in Südostasien. Im letzten Jahrhundert gelangte sie auf unsere Westliche Honigbiene und breitete sich weltweit aus. Nur in Australien wurde die Milbe noch nicht nachgewiesen.

Land	erster Nachweis
Indien	1961
Brasilien	1972
Deutschland	1977
USA, Kanada	1987
Neuseeland	2000
Hawaii	2007

1 *Ausbreitung der Varroa-Milbe*

2 *Varroa-Milbe*

Die Milbe saugt an Honigbienen Körperflüssigkeit (Abb. 2) und vermehrt sich in der verdeckelten Brut (Abb. 3). Besonders stark vermehrt sie sich in der Drohnenbrut, da diese drei Tage länger verdeckelt ist als die Arbeiterinnenbrut. Die Milbe befällt die Drohnenbrut bis zu zehnmal häufiger als Arbeiterinnenbrut. Im Herbst erbrütet das Volk nur noch Arbeiterinnen für den Winter. Aus Larven, die von Varroa-Milben befallen sind, entstehen Winterbienen mit verkümmertem Fettkörper und verringerter Lebenserwartung.

3 *Vermehrung der Varroa-Milbe*

Im Winter befindet sich keine Brut im Bienenvolk. Aber während der Brutphase im Sommer kann sich die Milben-Population alle vier Wochen verdoppeln. Im Herbst kann der Befallsgrad so stark sein, dass verkümmerte Arbeiterinnen schlüpfen und das Volk im Winter eingeht. In Deutschland sterben jeden Winter 10 – 20 % der Bienenvölker. Die Varroa-Milbe stellt eine wichtige Ursache für diese Völkerverluste dar.

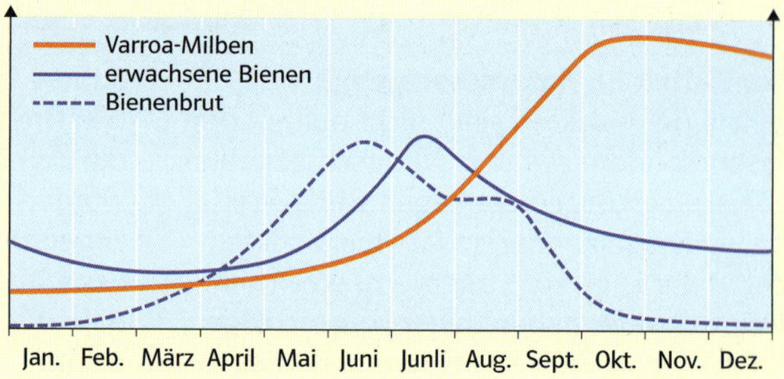

4 *Entwicklung der Varroa-Population*

Imker ergreifen verschiedene Maßnahmen, um die Varroa-Population einzudämmen:

- Während der Sommermonate wird regelmäßig verdeckelte Drohnenbrut entnommen, bevor diese schlüpft.
- Nach der Honigernte im September lässt man Ameisensäure im Volk verdunsten. Bei richtiger Dosierung gehen dadurch Milben in der Brut zugrunde.

AUFGABEN >>

○ **1** Beschreibe die Vermehrung der Varroa-Milben in der Brut (Abb. 3).

○ **2** Begründe, warum die Behandlung mit Ameisensäure erst nach der Honigernte erfolgt.

● **3** Erkläre, warum das Bienenvolk vor allem im Herbst und Winter durch die Milben-Population geschädigt wird (Abb. 4).

Material

Biodiversität, Artenschutz und die Entwicklung der Landwirtschaft

Die landwirtschaftliche Produktion von Nahrungsmitteln und Rohstoffen entwickelt sich in Richtung immer höherer Produktivität und Rationalisierung. Dabei kann man einen Trend zu immer größeren Anbauflächen und zur Verringerung von Hecken, Feldrainen und Brachflächen beobachten, die Rückzugsorte für viele Tier- und Pflanzenarten bilden.

Artenvielfalt durch Hecken und Brachland

1 *Hecken zwischen landwirtschaftlichen Nutzflächen*

Manche Regionen Deutschlands sind geprägt durch großflächige Äcker und Wiesen. Als Folge der Flächenzusammenlegungen ist ein starker Rückgang der Artenvielfalt zu beobachten. Damit sind auch die Voraussetzungen für eine natürliche Schädlingsbekämpfung durch räuberisch lebende Arten verlorengegangen.

Untersuchungen haben gezeigt, dass ein wesentlicher Beitrag zur Erhaltung oder Wiedererlangung der Artenvielfalt erreicht werden kann, indem man auf 3% der möglichen landwirtschaftlichen Nutzfläche verzichtet. Eine Möglichkeit ist die Anlage oder der Erhalt von naturbelassenen Hecken (Abb. 1). Sie bestehen überwiegend aus Sträuchern, zwischen denen sich auch viele Kräuter ansiedeln. Beobachtungen zeigen, dass die dort vorkommenden Tiere nicht nur die Hecken selbst als Lebensraum nutzen (Abb. 2).

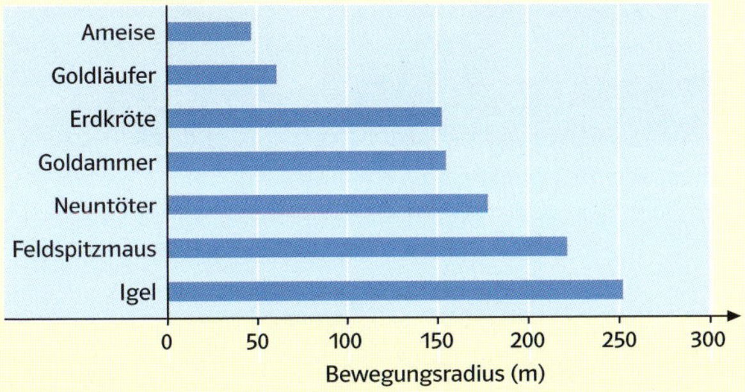

2 *Aktionsradius von Heckentieren*

Eine weitere Möglichkeit zur Förderung der Artenvielfalt stellen Brachflächen dar. Darunter versteht man Flächen, die periodisch oder dauerhaft nicht mehr landwirtschaftlich genutzt werden. Bei der Anlage wird eine Samenmischung aus Grasarten und Wildkräutern ausgebracht. Auf angrenzenden Äckern unerwünschte Arten werden dabei vermieden. Nach zwei oder drei Jahren wird die Fläche wieder landwirtschaftlich genutzt und eine andere Fläche als Brachland angelegt. Brachen werden nicht gedüngt und nicht mit Pestiziden behandelt.

Bei sogenannten Brutbrachen richtet sich der Termin für das jährliche Mähen nach den Brutzeiten dort vorkommender am Boden brütender Vögel. In einer Untersuchung wurden die Auswirkungen dieser Maßnahme über mehrere Jahre beobachtet (Abb. 3).

3 *Bestandsentwicklung auf Brutbrachen*

AUFGABEN >>

1. Erläutern Sie anhand von Abb. 2, dass selbst bei einem Heckenabstand von 0,5 km ein nahezu flächendeckender Rückgang von Ernteschädlingen beobachtet werden kann.
2. Werten Sie Abb. 3 aus.
3. Stellen Sie unter Verwendung des gesamten Materials Argumente für und gegen die Errichtung von Hecken bzw. Brachflächen zusammen.

Material

Hilfe für Wildbienen

1 *Hahnenfuß-Scherenbiene*

Solitäre Bienen

Die *Hahnenfuß-Scherenbiene* lebt an Waldrändern, auf Streuobstwiesen und im Siedlungsbereich. Wie die meisten Wildbienen lebt sie nicht in einem Staat, sondern allein *(solitär)*. Das Weibchen legt nach der Begattung Eier in Hohlräume ab. Geeignet sind Fraßgänge von Insektenlarven in altem Holz oder Hohlräume in Schilf- oder Bambusröhrchen mit einem Innendurchmesser von etwa 3,5 mm. In der Neströhre legt die Biene hintereinander bis zu acht Kammern mit jeweils einem Ei und etwas Pollenvorrat für die Larve an (Abb. 2). Zum Schluss wird das Nest mit einer Mischung aus Sand, Lehm und Nektar nach außen verschlossen. Beim Pollensammeln ist die Art auf Pflanzen der Gattung Hahnenfuß spezialisiert. Viele Wildbienenarten sind auf bestimmte Pflanzen spezialisiert.

2 *Nest der Hahnenfuß-Scherenbiene in einem Bambusröhrchen*

AUFGABEN >>

1 Beschreibe, unter welchen Bedingungen sich die Scherenbiene im Garten ansiedeln kann.

2 Erläutere, warum stark spezialisierte Arten häufig vom Aussterben bedroht sind.

Die Steinhummel

Bei *Steinhummeln* überwintern nur die jungen Königinnen. Sie gründen im Frühjahr ein kleines Volk. Dazu müssen sie ein Nest bauen und die erste Brut selbst füttern. Im Sommer besteht ein Hummelvolk aus einigen Hundert Arbeiterinnen und einigen Männchen. Im Nest gibt es verschlossene Brutzellen und offene Nektartöpfe (Abb. 3).

3 *Nest von Steinhummeln im Sommer*

AUFGABE >>

3 Beschreibe Unterschiede und Gemeinsamkeiten bezüglich der Lebensweise von Steinhummel und Honigbiene.

Nisthilfen für Wildbienen

Viele Wildbienenarten sind sehr selten und gefährdet. Durch den Bau von *Nisthilfen* können Wildbienenarten unterstützt werden. Gleichzeitig bieten sich dabei gute Möglichkeiten, diese Tiere zu beobachten.

Am einfachsten ist es, Schilf- und Bambusröhrchen horizontal auszulegen. Das hintere Ende muss geschlossen sein, sonst werden die Nisthilfen nicht angenommen.
Die Röhrchen können zu einem Bündel geschnürt oder in Ziegel gesteckt werden.

Gut geeignet sind auch Bohrlöcher in Holz. Ideal ist hartes Laubholz (z. B. Buche).

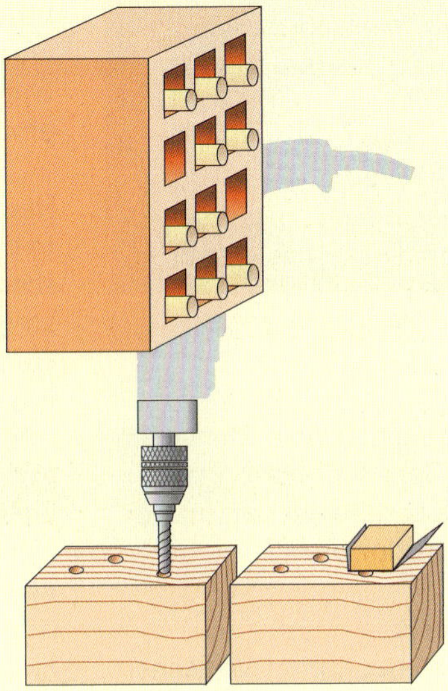

5 *Bau von Nisthilfen*

4 *Nisthilfen für Wildbienen*

Die Löcher sollten einen Durchmesser zwischen 3 und 8 Millimeter haben und einige Zentimeter tief sein. Beim Bohren ist zu beachten, dass quer zur Faser gebohrt und das Einflugloch mit Schleifpapier von überstehenden Holzfasern befreit wird, damit die Flügel der Bienen nicht verletzt werden. Wenn längs zur Faser ins Stirnholz gebohrt wird, entstehen später oft Risse, die den Gang unbrauchbar machen.

AUFGABE >>

○ **4** Nisthilfen für Wildbienen werden häufig „Bienenhotel" genannt. Erkläre, warum diese Bezeichnung falsch ist.

Wildbienenschutz

Ein grüner Rasen ohne Blüten enthält für Wildbienen keine Nahrungsquellen. Auch viele Zierblumen sind wertlos, da sie weder Nektar noch Pollen produzieren. Besser sind naturnahe Blumenwiesen und alte Gartenpflanzen.

Auch „Unkräuter" sind für Wildbienen wichtig. Beispielsweise gibt es eine Wildbienenart, die nur auf den Blüten der Zaunrübe Pollen sammelt. Andere Wildbienen sind auf wenige Arten spezialisiert. Je vielfältiger das Blumenangebot im Garten ist, desto mehr Wildbienenarten können angesiedelt werden.

Auch Wildbienenarten, die im Boden nisten, kann geholfen werden. Dazu wird ein Kasten mit Erde gefüllt und auf die Seite gelegt. Die Erde sollte eine Mischung aus Sand- und Lehmanteilen sein (z. B. Löss). Reiner Lehm ist ungeeignet, da er zu hart wird.

AUFGABEN >>

◒ **5** In Gärten findet man Blumen, deren Blüten komplett mit Blütenblättern gefüllt sind. Erkläre, warum solche Blumen für Wildbienen wertlos sind.

◒ **6** Entwirf einen Flyer mit Tipps zum Wildbienenschutz.

Konventionelle und biologische Landwirtschaft

1 *Wollschwein, eine alte Schweinerasse*

Auf der Erde leben heute so viele Menschen wie noch nie zuvor. Diese Entwicklung ist nur möglich, weil die Landwirtschaft immer mehr Lebensmittel produziert.

Frühere Landwirtschaft

Vor etwa 12 000 Jahren begannen Menschen in der Gegend des *Fruchtbaren Halbmonds* (etwa heutiges Syrien und Irak) auf Feldern Getreide anzupflanzen und Vieh zu halten. Sie wurden sesshaft und züchteten Getreide mit immer größeren Samenkörnern. Aus dortigen Wildgräsern entstanden Weizen und Gerste. Die bäuerliche Lebensweise breitete sich unter anderem entlang der Donau aus und erreichte vor etwa 8000 Jahren Mitteleuropa.

Während des Mittelalters betrieben die Bauern in weiten Teilen Mitteleuropas eine *Dreifelderwirtschaft*. Jeder Acker wurde dabei in einem dreijährigen Rhythmus bewirtschaftet. Im ersten Jahr wurde Wintergetreide und im zweiten Jahr Sommergetreide angebaut. Im dritten Jahr blieb der Acker unbewirtschaftet. Während dieser Brache erholte sich der Boden. Auf der Brachfläche wuchsen Kräuter, die vom Vieh beweidet wurden. Kot und Urin der Tiere ermöglichten eine deutliche Steigerung der Erträge.

Jahr	Ertrag (kg pro Hektar) (1 Hektar = 10 000 m²)
1800	1000
1930	2200
1950	2600
1970	4300
1990	6500
2010	8500

2 *Erträge von Winterweizen in Deutschland*

Heutige konventionelle Landwirtschaft

In der heutigen *konventionellen Landwirtschaft* konnten die Erträge noch weiter gesteigert werden (Abb. 2). Dafür sind mehrere Faktoren verantwortlich. Die Züchtung von ertragreichen Sorten der Kulturpflanzen ermöglicht hohe Erträge. Allerdings steigt damit meist auch deren Anfälligkeit. Beispielsweise tragen moderne Hochleistungssorten von Weizen viel größere Ähren als früher. Ähnliches gilt für Nutztierrassen. Während früher oft robuste Hausschweinrassen im Freien gehalten wurden (Abb. 1), stehen heute schnell wachsende Rassen in riesigen Ställen und sind anfällig für Krankheiten.

Auch durch die Bekämpfung von konkurrierenden Kräutern und Parasiten mit Spritzmitteln ließen sich die Erträge steigern. Viele moderne Sorten erfordern Mittel gegen andere Kräuter *(Herbizide)*, gegen Insekten *(Insektizide)* und Pilze *(Fungizide)*. Allerdings bestehen immer auch Risiken. Die Früchte können Rückstände enthalten. Bei regelmäßiger Anwendung können Wildkräuter resistent werden. Unbeabsichtigt werden auch andere Lebewesen geschädigt. So stehen einige Insektizide im Verdacht, die Orientierung von Honigbienen zu stören. Teilweise werden mehrere Spritzmittel gleichzeitig angewendet. Beispielsweise knicken Weizensorten mit großen Ähren leicht im Wind um. Der Landwirt verhindert das, indem er zusammen mit dem Herbizid einen sogenannten „Halmverkürzer" ausbringt. Dadurch bleibt der Weizen kürzer und stabiler. Allerdings befinden sich dadurch die Ähren näher am feuchten Boden, wo sie häufiger mit Pilzen infiziert werden. Dem begegnet der Landwirt mit einem *Fungizid*.

Ein schnelles Pflanzenwachstum ist nur möglich, wenn der Boden genügend Mineralstoffe enthält. Lange Zeit war eine Düngung nur durch Ausscheidungen von Tieren (Kot, Urin) möglich. Da die Tiere zuvor mit Pflanzen von der landwirtschaftlichen Fläche gefüttert wurden, bestand ein Stoffkreislauf. Erst durch künstlichen Mineraldünger konnten diesem System zusätzliche Mineralstoffe zugeführt werden. Dies bewirkt ein schnelleres Wachstum und höhere Erträge, aber auch eine zunehmende Belastung des Grundwassers mit Nitrat (Abb. 3). Eine stark gedüngte Wiese kann vier- bis fünfmal im Jahr gemäht werden. Dies hat zur Folge, dass nur noch Gräser auf der Fläche wachsen können, weil viele Blumen einen so häufigen Schnitt nicht vertragen. In einer Gegend mit konventioneller Landwirtschaft finden Bienen kaum noch Nahrung, weil sich ausschließlich grasgrüne Wiesen mit Getreide- und Maisäckern abwechseln.

Die Technisierung der Landwirtschaft führte dazu, dass immer weniger Menschen immer mehr Felder bewirtschaften können. Noch vor hundert Jahren arbeiteten auf einem Bauernhof viele Personen (Bauer, Bäuerin, Großeltern, Kinder, Knecht, Magd) und versorgten etwa ein Dutzend Rinder und einige Schweine im Stall. Heute bewirtschaftet ein Bauer mit vielen Maschinen mehrere Hundert Rinder oder Schweine.

Heutige biologische Landwirtschaft

In der *biologischen* oder *ökologischen Landwirtschaft* sollen die Flächen umweltverträglich bewirtschaftet werden. Durch den Verzicht auf künstlichen Mineraldünger sind die Erträge zwar geringer, aber durch die Kreislaufwirtschaft werden die Böden und das Grundwasser langfristig nicht belastet. Synthetische Spritzmittel sind weitgehend verboten. Stattdessen kommen mechanische Methoden oder eine biologische Schädlingsbekämpfung zum Einsatz. Durch das Vermeiden von Monokulturen und den Anbau robuster Sorten können sich Schädlinge weniger gut vermehren. Die Herstellung von Nahrungsmitteln erfolgt ohne Geschmacksverstärker, künstliche Aromen, künstliche Konservierungsmittel und einige andere Zusatzstoffe.

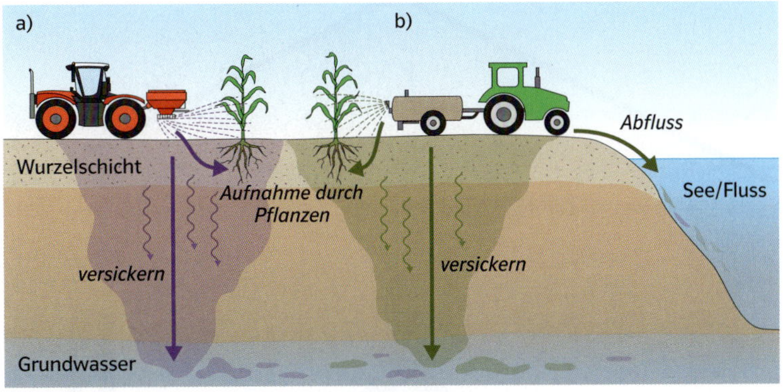

3 *Auswirkungen von Mineral- und Gülledüngung*

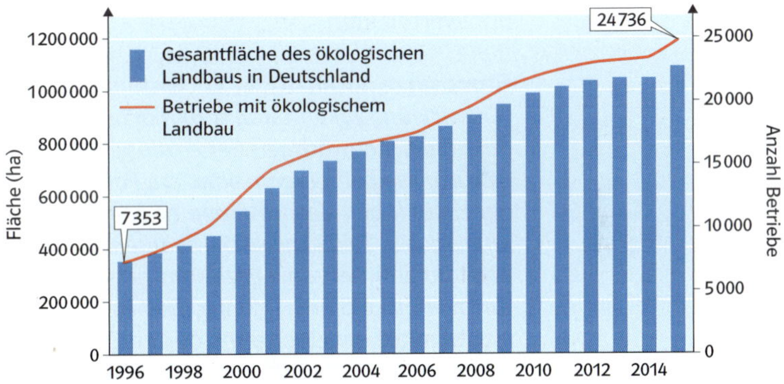

4 *Biologische Landwirtschaft in Deutschland*

AUFGABEN >>

○ **1** Der Anteil der Betriebe mit ökologischem Landbau beträgt 8,7 % aller Agrarbetriebe (Abb. 4). Recherchiere mögliche Gründe für diesen geringen Anteil.

◒ **2** Erkläre, warum die biologische Landwirtschaft die Böden und das Grundwasser weniger belastet als die konventionelle Landwirtschaft.

● **3** Bio-Lebensmittel sind in der Regel teurer als konventionelle Produkte. Erläutere die wirtschaftlichen Gründe.

Nachhaltige Entwicklung

1 *Die Säulen der nachhaltigen Entwicklung*

Die Bevölkerung und die Wirtschaft können nicht unbegrenzt wachsen, da die Ressourcen auf der Erde begrenzt sind. Daraus ergeben sich Fragen zur Ressourcennutzung und -verteilung.

Grundsätze nachhaltiger Entwicklung

„Entwicklung zukunftsfähig zu machen heißt, dass die gegenwärtigen Generationen ihre Bedürfnisse befriedigen, ohne die Fähigkeit der zukünftigen Generationen zu gefährden, ihre eigenen Bedürfnisse befriedigen zu können." So definierte die Weltkommission für Umwelt und Entwicklung 1987 den Begriff „sustainable development", der im Deutschen mit dem Begriff der nachhaltigen Entwicklung (kurz *Nachhaltigkeit)* übersetzt wird. Konkret bedeutet dies, dass bei allen wirtschaftlichen Entscheidungen die Probleme und Folgen der Nutzung von Rohstoffen für die Umwelt und für die Lebensbedingungen aller Menschen mit einbezogen werden sollen, um zu einer nachhaltig agierenden Wirtschaft zu gelangen.

Die Säulen nachhaltiger Entwicklung

Außerhalb der sogenannten Industriestaaten durchlaufen viele Nationen derzeit den Prozess der Industrialisierung. Darunter versteht man den Übergang eines Landes von einer durch Landwirtschaft geprägten Gesellschaft hin zu einer Wirtschaft, bei der maschinell aus einfachen Rohstoffen hochwertigere Produkte erzeugt werden. Das verspricht Wirtschaftswachstum und Wohlstand für große Teile der Bevölkerung. Häufig gehen mit dieser Entwicklung nachteilige Auswirkungen für die Natur einher. Energienutzung, Umweltverschmutzung und Versiegelung von Flächen durch Straßen und Häuser sind einige Probleme in diesem Zusammenhang. Außerdem ist ein solcher Wandel mit sozialen Veränderungen verbunden. Selbstständige Bauern werden Industriearbeiter, Familienverbände können sich auflösen, die Städte wachsen, während sich die Landbevölkerung verringert.

Nachhaltigkeit bedeutet hier, bei Planungen zukünftige Entwicklungen in den drei Bereichen Ökonomie, Ökologie und Soziales gleichermaßen zu berücksichtigen. Ziel ist es, dass heutige Entwicklungen nicht auf Kosten zukünftiger Generationen gehen.

Global denken, lokal handeln

Die wichtigsten Aufgaben für eine nachhaltige Entwicklung werden in der *„Agenda 21"* (Agenda für das 21. Jahrhundert) genannt. Dazu gehören stärkere Energieeinsparung, effektivere Rohstoffnutzung, vermehrte Nutzung nachwachsender Rohstoffe, Abfallvermeidung und umweltfreundliche Abfallentsorgung, Schutz von natürlichen Lebensräumen und Klimaschutz. Weitere Ziele sind die Armutsbekämpfung und Verbesserung der Gesundheitsfürsorge für alle Menschen. Nach dem Motto „global denken, lokal handeln" sollen die Ziele in allen Ebenen, also von Gemeinden bis hin zur Staatengemeinschaft, umgesetzt werden.

AUFGABE >>

1 Wie kannst du lokal handeln? Beschreibe anhand von zwei Beispielen, wie du dein Handeln nachhaltig gestalten kannst.

Material

Nachhaltige Entwicklung

Mit dem Konzept der nachhaltigen Entwicklung wurden ökologische Probleme benannt, an deren Lösung die Menschheit dringend arbeiten sollte. Es gibt viele globale und lokale Lösungsansätze.

Bevölkerungsentwicklung, Welternährung und Umweltschutz

Die Weltbevölkerung wächst und damit der Bedarf an Nahrung. Für die Nahrungsproduktion wird Anbau- und Weidefläche benötigt, die oft durch Umwandlung natürlicher Ökosysteme in Ackerfläche für Monokulturen gewonnen wird.

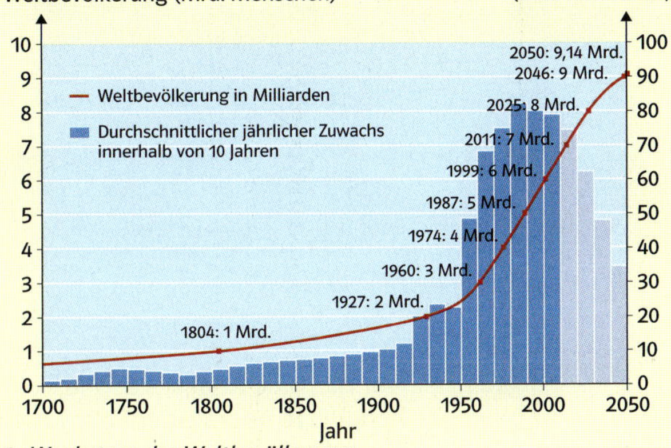

1 *Wachstum der Weltbevölkerung*

AUFGABEN >>

○ **1** Beschreibe das Diagramm zum Bevölkerungswachstum (Abb. 1).

◒ **2** Erläutere die voraussichtliche Verringerung des Bevölkerungswachstums (Abb. 1).

Nahrungsmittelproduktion und Welternährung

Die heutige weltweite Lebensmittelproduktion würde zur Ernährung von schätzungsweise 12 Milliarden Menschen reichen, 2012 hungerten dennoch rund 870 Millionen Menschen. In verschiedenen Regionen werden unterschiedlich viele Nahrungsmittel produziert (Abb. 2). Neben der als Agrarland nutzbaren Fläche hängt dies vom Ertrag ab, der pro Hektar (ha) erzielt wird (Abb. 3). Die Bauern der Entwicklungsländer können oft nicht vom Verkauf ihrer Ernten leben. Daher wird weniger Landwirtschaft betrieben und die Bevölkerung leidet an Hunger. Neue, ökologisch nachhaltige Konzepte zur Welternährung müssen entwickelt werden.

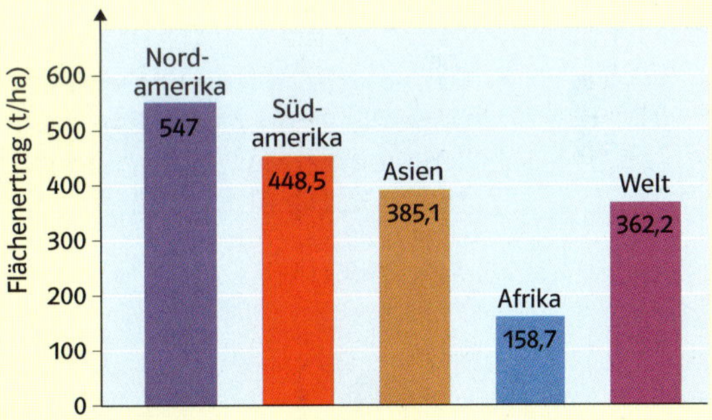

3 *Flächenertrag für Getreide 2012*

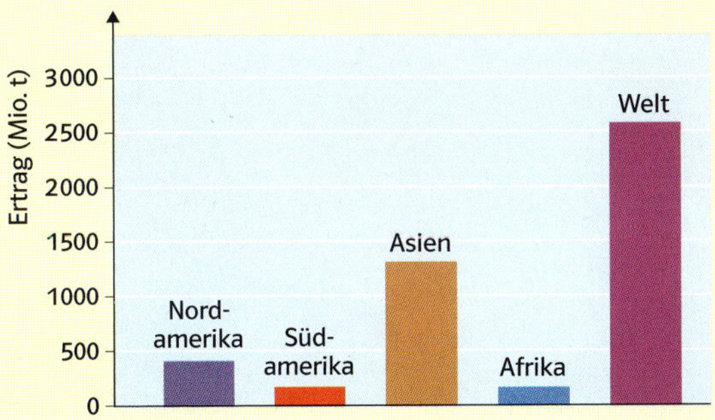

2 *Getreideproduktion 2012*

AUFGABEN >>

◒ **3** Erkläre die unterschiedlichen Flächenerträge an Getreide, die in Asien und Nordamerika produziert wurden (Abb. 2 und 3).

● **4** Erläutere, warum es wichtig ist, dass die weltweite Landwirtschaft zunehmend auch ökologisch und sozial nachhaltig erfolgt.

Klimawandel

1 *Eisbären leiden unter dem Klimawandel*

Vor der Industrialisierung lag die Durchschnittstemperatur auf der Erde bei etwa 14 °C. In den letzten hundert Jahren erwärmte sich die Erdatmosphäre auf knapp 15 °C. Diese scheinbar geringe Zunahme hat weitreichende Folgen für das Klima und die Lebewesen. Der *Klimawandel* könnte beispielsweise zum Aussterben von Eisbären führen (Abb. 1).

Der natürliche Treibhauseffekt

Ohne die Atmosphäre läge die durchschnittliche Temperatur auf der Erdoberfläche bei ca. −18 °C. Die Atmosphäre der Erde bewirkte also bereits vor der Industrialisierung eine Durchschnittstemperatur von 14 °C auf der Erdoberfläche (Abb. 2).

Sonnenstrahlen treffen auf die Erdoberfläche und erwärmen sie. Je wärmer die Erdoberfläche ist, desto mehr Energie wird als Wärmestrahlung wieder abgestrahlt. Ein Teil der Wärmestrahlung wird durch Wasserdampf, Kohlenstoffdioxid und Methan in der Atmosphäre absorbiert und in alle Richtungen gestreut. So gelangt ein Teil der Wärmestrahlung wieder zurück zur Erde und erwärmt diese weiter. Die Temperatur steigt wie in einem Treibhaus, in dem Glasscheiben die Wärmestrahlung zurückhalten. Man spricht daher vom *Treibhauseffekt* und *Treibhausgasen*. Die Erdoberfläche heizt sich so lange auf, bis genauso viel Energie in Form von Wärmestrahlung in den Weltraum abgestrahlt wird, wie gleichzeitig durch die Sonnenstrahlung auf die Erde gelangt. Die natürlichen Treibhausgase führen zu einer Durchschnittstemperatur von 14 °C *(natürlicher Treibhauseffekt)*.

Durch zusätzlich freigesetzte Treibhausgase sorgt der Mensch heute für eine zusätzliche Erderwärmung *(anthropogener Treibhauseffekt)*. Zusätzliches Kohlenstoff-

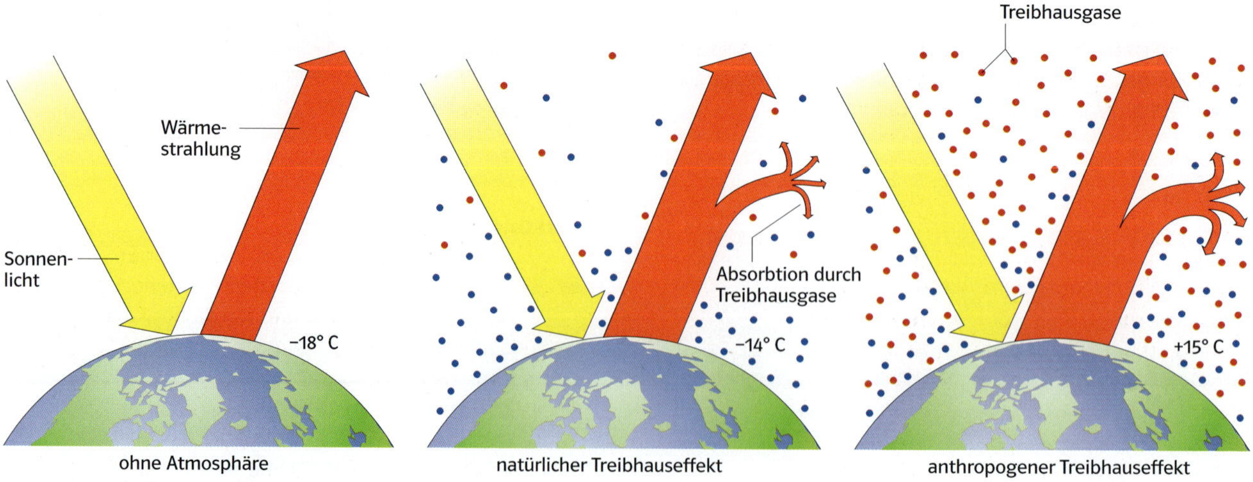

2 *Strahlungsbilanz der Erde*

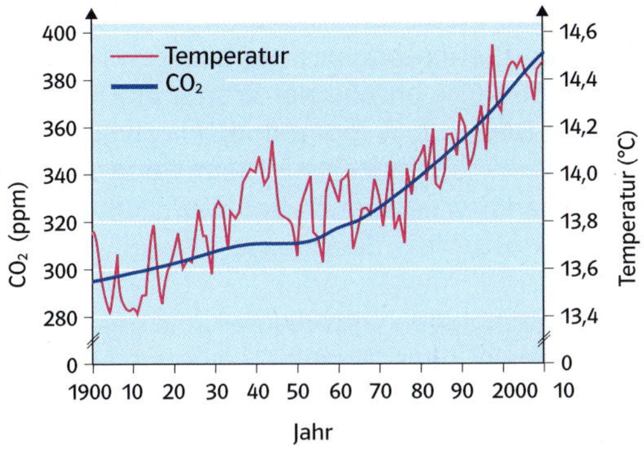

3 *Entwicklung der globalen Jahresmitteltemperatur*

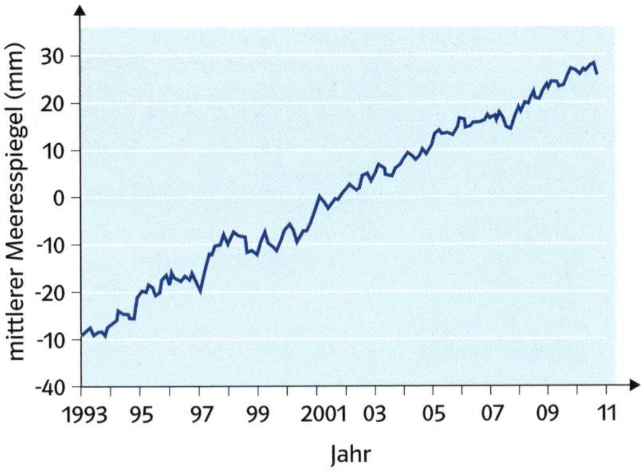

4 *Anstieg des Meeresspiegels*

dioxid entsteht bei der Verbrennung fossiler Energieträger wie Erdöl, Kohle und Erdgas. Im Zuge der Industrialisierung entstanden in den letzten 100 Jahren Milliarden Tonnen zusätzliches Kohlenstoffdioxid. Hinzu kommen große Mengen Methan, das unter anderem im Darm von Hausrindern entsteht. Diese anthropogenen Treibhausgase führen dazu, dass ein höherer Anteil der Wärmestrahlung in der Atmosphäre absorbiert und auf die Erde zurückgestreut wird. Ein Strahlungsgleichgewicht stellt sich daher erst bei einer höheren Erdtemperatur ein. Der vom Menschen verursachte Treibhauseffekt verstärkt den natürlichen Treibhauseffekt (Abb. 2).

Folgen der globalen Erwärmung

Die Folgen der globalen Erwärmung sind vielfältig. Das Schmelzen von Gletschern an Land und die Erwärmung der Weltmeere lassen den Meeresspiegel ansteigen (Abb. 4). Niedrige Küstenregionen und Inseln drohen unbewohnbar zu werden. Der Anstieg der Lufttemperatur und das Abschmelzen großer Eisflächen verändern globale Luftströme. Nicht überall wird es wärmer werden, vielmehr wird eine globale Klimaveränderung mit einer Verschiebung von Klimazonen erwartet, die zu einem vermehrten Artensterben führen kann. Der Klimawandel wirkt sich nicht nur auf Ökosysteme an Land, sondern auch auf die Meere aus.

Theorien in der Diskussion

Unter Wissenschaftlern herrscht Einigkeit über den Treibhauseffekt und dessen Ursachen. Dennoch gibt es immer wieder Menschen, die den Klimawandel leugnen — darunter sogar Politiker. Als Argument wird manchmal angeführt, dass die Erdtemperatur nicht überall genau so ansteigt, wie es die Klimamodelle vorausberechnet haben. Dies ist aber aufgrund der Komplexität der klimatischen Wechselwirkungen auch nicht zu erwarten. Langfristig betrachtet treffen die Vorhersagen jedenfalls zu: Die höhere Durchschnittstemperatur bewirkt mehr Wasserdampf und größere Temperaturunterschiede in der Atmosphäre. Dies hat eine Zunahme von extremen Wetterereignissen wie Starkregen und Wirbelstürmen zur Folge. Gletscher schmelzen ab und der Meeresspiegel steigt an.

AUFGABEN >>

1. Erläutere den in Abb. 3 dargestellten Anstieg der Erdtemperatur.
2. Erkläre, inwiefern der Klimawandel zum Aussterben der Eisbären führen kann (Abb. 1).
3. Bereite mithilfe einer Mind-Map einen Kurzvortrag zum Treibhauseffekt und zur globalen Erwärmung vor.

Regenerative Energie und Biodiversität

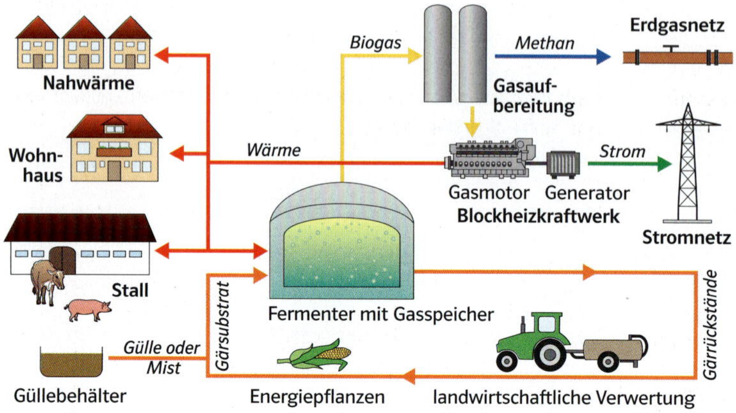

1 *Biogasanlage*

Die *fossilen Brennstoffe* Kohle, Erdöl und Erdgas sind derzeit unsere wichtigsten Energiequellen. Die Vorräte sind jedoch begrenzt und bei ihrer Verbrennung entsteht Kohlenstoffdioxid, das als Treibhausgas zur globalen Erwärmung beiträgt. Alternative Energiequellen werden gesucht.

Biomasse als regenerative Energiequelle

Biomasse stellt eine regenerative Energiequelle dar. Pflanzen binden bei der Fotosynthese Kohlenstoffdioxid aus der Atmosphäre und erzeugen mit Wasser und Lichtenergie Biomasse und Sauerstoff. Bei der Verbrennung von Holz oder anderem Pflanzenmaterial entsteht maximal so viel Kohlenstoffdioxid, wie zuvor bei der Fotosynthese gebunden wurde. Man spricht daher von einer kohlenstoffdioxidneutralen oder *klimaneutralen Verbrennung*.

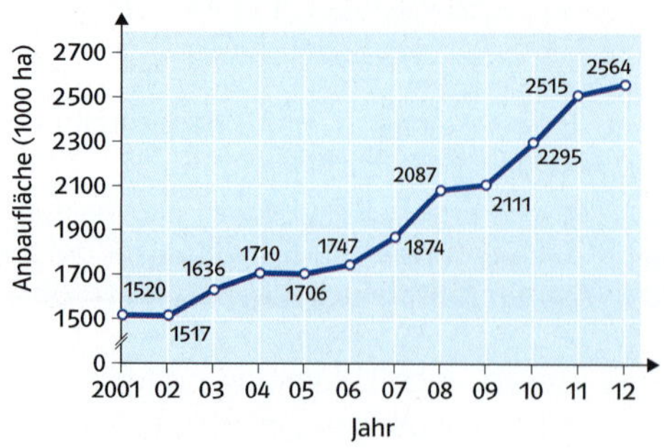

2 *Maisanbau in Deutschland*

Aus Biomasse lassen sich flüssige Brennstoffe wie Rapsöl und Bioethanol sowie gasförmige Brennstoffe wie Methan gewinnen. Beispielsweise enthält der Kraftstoff E10 neben Benzin 10 % Bioethanol. Allerdings stammen die Pflanzen zur Herstellung von Bioethanol meist aus großen Monokulturen (Zuckerrohr, Mais, Zuckerrübe).

In Biogasanlagen wird Biomasse vergärt und dabei Biogas (Methan) gewonnen. Mit dem Biogas wird meist ein Blockheizkraftwerk betrieben, das elektrischen Strom erzeugt und Wärme abgibt (Abb. 1). In Deutschland werden die meisten Biogasanlagen mit Pflanzen betrieben, die nur für diesen Zweck in intensiver Landwirtschaft angebaut werden (z. B. Mais) . Dies führte zu einer Zunahme des Maisanbaus (Abb. 2). Eine Alternative wäre die Verwendung von Biomasse aus Abfällen.

Verlust an Biodiversität

Unter *Biodiversität* versteht man die biologische Vielfalt von Tierrassen und Pflanzensorten über die Artenvielfalt bis zu den unterschiedlichen Ökosystemen. Der belebte Teil der Erde, die *Biosphäre*, ist ein System aus mehreren verschiedenen Ökosystemen. Monokulturen in der intensiven Landwirtschaft führen zu einer Verarmung der Biodiversität. Insbesondere fehlen Blumen, die verschiedenen Insektenarten Nahrung bieten. In Deutschland ist die Biomasse der Insekten in den letzten 15 Jahren um 80 % zurückgegangen.

AUFGABEN >>

○ **1** Biogas gilt als klimaneutral und Erdgas als klimaschädlich. Erkläre den Unterschied.

◒ **2** Beschreibe Möglichkeiten, wie Biogas hergestellt werden könnte, ohne die Biodiversität zu senken.

Material

Der ökologische Fußabdruck

Die Oberfläche der Erde ist begrenzt. Alle Menschen müssen sich diese Fläche teilen. Sie brauchen Lebensraum, Acker- und Weideflächen und verschiedenste Rohstoffe zum Leben. Zusammengefasst werden diese Mittel als *Ressourcen* bezeichnet. Reicht die Erdoberfläche aus, um gegenwärtig und zukünftig genug Rohstoffe für alle Menschen verfügbar zu haben? Wie unterscheidet sich der Ressourcenverbrauch beim Vergleich verschiedener Regionen? Der globale *ökologische Fußabdruck* aller Menschen zusammen hat derzeit die Größe von ca. 1,5 Erden.

Der ökologische Fußabdruck

Der ökologische Fußabdruck gibt den Ressourcenverbrauch eines Menschen als Fläche in Hektar (1 ha = 10 000 m^2) an. Dabei handelt es sich um die Fläche, die zur Erzeugung der genutzten Ressourcen gebraucht wird. Unterschiedliche Rohstoffe benötigen unterschiedlich große Flächen. Für die Berechnung des Ressourcenverbrauchs wurden daher verschiedene Flächenkategorien eingeführt, die unterschiedlich stark in die Berechnung des ökologischen Fußabdrucks eingehen:

- **Siedlungsfläche:** alle bebauten Flächen wie Hausfläche, Straßenfläche, Fläche von Fabriken. Hier können keine Rohstoffe produziert werden.
- **Ackerfläche:** für die Produktion pflanzlicher Nahrung, von Futtermitteln und Textilfasern (z. B. Baumwolle)
- **Weidefläche:** für Viehhaltung (Fleisch und andere tierische Produkte)
- **Wasserfläche:** für Fischfang und andere Meeresprodukte
- **Waldfläche:** für Bauholz, Möbel, Papier und Brennstoff
- **Energiefläche:** Sie gibt an, wie viel Hektar Wald neu gepflanzt werden müssten, um das bei der Energiegewinnung freigesetzte Kohlenstoffdioxid aus der Luft zu entfernen. Sie ist für unterschiedliche Energieträger verschieden groß.

Aus den unterschiedlichen Lebensweisen der Menschen können für die Bewohner verschiedener Regionen unterschiedlich große ökologische Fußabdrücke errechnet werden (Abb. 1). Bei gleicher Verteilung der Ressourcen würden jedem Menschen auf der Erde ca. 1,83 Hektar zustehen.

AUFGABEN >>

○ **1** Gib für fünf Regionen an, ob sie a) zu sehr, b) angemessen und c) kaum zum globalen ökologischen Fußabdruck der Menschheit beitragen (Abb. 1).

◒ **2** Erläutere mögliche Gründe für den unterschiedlich großen Fußabdruck verschiedener Regionen.

● **3** Erläutere, warum ein hoher Fleischkonsum den ökologischen Fußabdruck stärker vergrößert als eine vegetarische Ernährung.

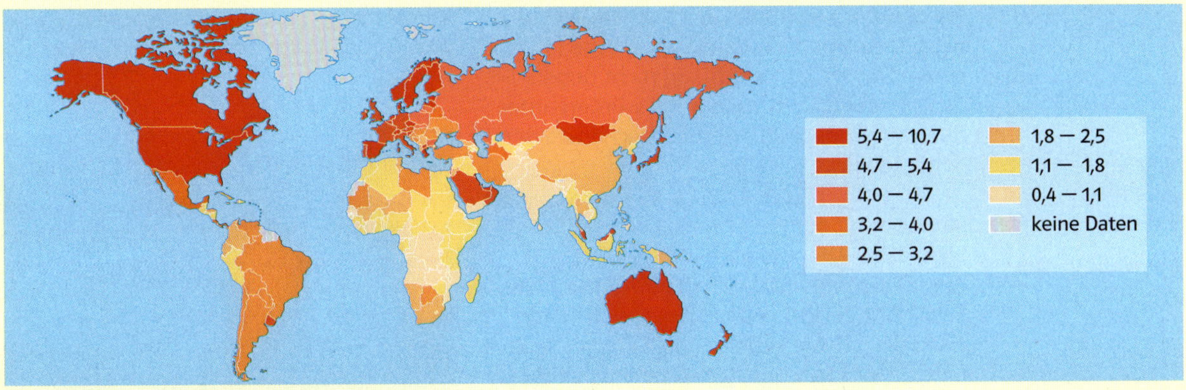

1 *Ökologischer Fußabdruck verschiedener Länder in ha/Person (2017)*

Das kannst du jetzt

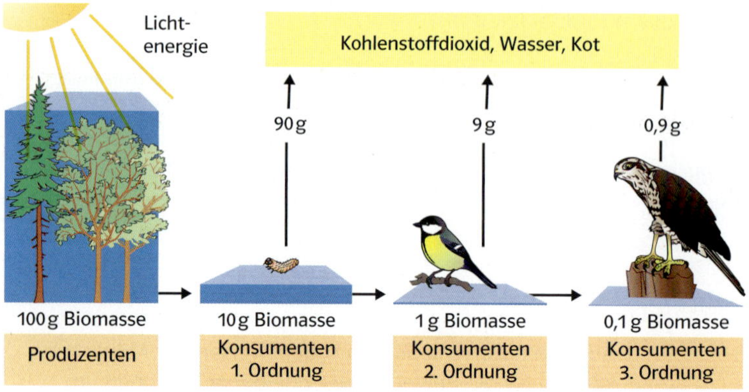

1 *Weg der Stoffe in einer Nahrungskette*

Ökosysteme lassen sich in Lebensraum *(Biotop)* und die ihn besiedelnden Lebewesen *(Biozönose)* trennen. Auf jedes Lebewesen wirken verschiedene *abiotische* und *biotische Umweltfaktoren* ein.

Ökosystem Wald

Das Ökosystem Wald zeigt eine Schichtung in Stockwerke. Die Ausbildung der *Kronenschicht* beeinflusst das Lichtangebot in den darunter liegenden Schichten. Jedes Lebewesen ist Teil von Nahrungsketten bzw. Nahrungsnetzen. Im Wald nimmt die Biomasse mit zunehmender Nahrungsstufe ab *(Biomassepyramide)*, da immer nur ein Teil der Energie in der nächsten Stufe ankommt. Destruenten bauen tote organische Biomasse vollständig zu Kohlenstoffdioxid sowie Wasser ab und ermöglichen *Stoffkreisläufe* im Wald. Nach dem *Konkurrenzausschlussprinzip* können verschiedene Arten mit der gleichen ökologischen Nische in einem Ökosystem langfristig nicht nebeneinander leben. In Mitteleuropa würden unter natürlichen Bedingungen Rotbuchenwälder dominieren.

Ökosystem See

Sowohl am Ufer als auch im See lässt sich eine *Zonierung* feststellen. Lebewesen in der Schilfzone zeigen andere Angepasstheiten als in der Schwimmblattzone. Verschiedene Enten auf einem See haben unterschiedliche *ökologische Nischen*. Im Jahreslauf eines tiefen Sees wechseln sich *Stagnations-* und *Zirkulationsphasen* ab. Diese ergeben sich durch die Dichteanomalie des Wassers. *Oligotrophe Seen* enthalten weniger Mineralstoffe als *eutrophe Seen*. Das bewirkt ein geringeres Planktonwachstum, weniger Biomasse und eine größere Sichttiefe. Durch die Einleitung von ungeklärten Abwässern kommt es zur *Eutrophierung*.

Ökosystem Fließgewässer

Ein Fluss lässt sich in verschiedene Regionen mit typischen Fischen einteilen. Diese Regionen ergeben sich durch die Veränderung von *abiotischen* Umweltfaktoren (Temperatur, Fließgeschwindigkeit, Untergrund) und *biotischen* Umweltfaktoren (Pflanzenbewuchs) im Flussverlauf. Fließgewässer sind in begrenztem Maß zum Abbau von Biomasse aus Abwässern fähig. Die biologische Gewässergüte ist ein Maß für den Gehalt an Biomasse und damit den biologischen Sauerstoffbedarf.

Nachhaltigkeit

Die Landwirtschaft wurde über Jahrhunderte immer produktiver. Allerdings gelangen in der konventionellen Landwirtschaft durch importierte Futtermittel und künstlichen Dünger zusätzliche Stickstoffverbindungen in den lokalen Stickstoffkreislauf. Damit drohen erhöhte Nitratwerte im Grundwasser. Durch die Verbrennung fossiler Brennstoffe gelangt zusätzliches Kohlenstoffdioxid in den globalen Kohlenstoffkreislauf und verstärkt den Treibhauseffekt. Sowohl durch die intensive Landwirtschaft als auch durch den Klimawandel sinkt die *Biodiversität*. Lokal und global ist eine *nachhaltige Entwicklung* nötig.

2 *Ökologische Landwirtschaft*

TESTE DICH SELBST

Prüfe mit dieser Checkliste, ob du das Wichtigste aus diesem Kapitel kannst.

Ich kann ...	Aufgaben zum Testen	Buchseiten zum Nachlesen
... ein schulnahes Ökosystem untersuchen und ausgewählte Organismen bestimmen.	1—4, 11—12	S. 13, 20—21, 33
... die Angepasstheit von Lebewesen an Umweltfaktoren an ausgewählten Beispielen erläutern.	8—10, 13—15	S. 8—9, 18—19, 24—33
... Nahrungskette und Nahrungsnetz vergleichend beschreiben und die Rolle von Produzenten, Konsumenten und Destruenten für eine nachhaltige Existenz der Nahrungsbeziehung begründen.	5—7	S. 10—13, 30, 34
... Beziehungen zwischen Lebewesen (Konkurrenz, Parasitismus, Symbiose) erläutern.	13—15	S. 8—9, 18—19, 26—27, 31
... eine Biomassepyramide beschreiben und mit dem Energiefluss erklären.	5—7	S. 11, 34
... den Kohlenstoffkreislauf beschreiben und unter dem Aspekt der Nachhaltigkeit erläutern.	1	S. 14—15, 30
... konkrete Vorschläge für nachhaltiges Handeln an lokalen oder globalen Beispielen darstellen und auf ihre Umsetzungsmöglichkeit hin untersuchen.	10, 15	S. 44—45, 53

Aussagen zur Ökologie

○ **1** Sind die Aussagen richtig, teilweise richtig oder falsch? Nimm Stellung.

Je höher die Ordnung eines Konsumenten, desto geringer ist seine Biomasse.

Neue Arten in einem Ökosystem stellen eine Umweltveränderung dar.

Destruenten spielen eine wichtige Rolle im Kohlenstoffkreislauf.

Nachhaltigkeit bedeutet, dass eine Maßnahme langfristig wirkt.

Stockwerke des Waldes

Ein Eichenmischwald und ein Fichtenwald unterscheiden sich in der Ausprägung ihrer Stockwerke.

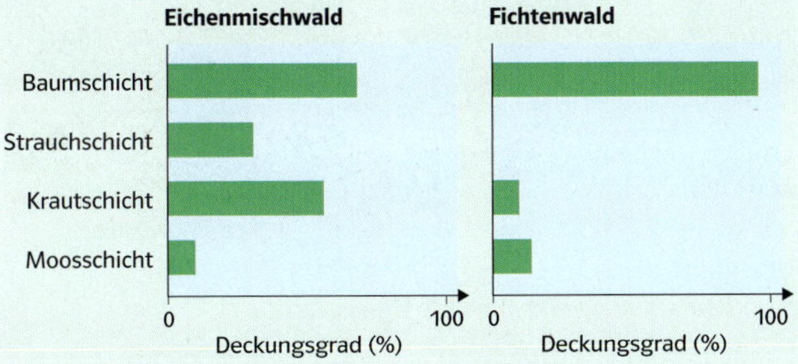

1 *Deckungsgrade der Stockwerke in verschiedenen Wäldern*

○ **2** Vergleiche und erläutere die beiden Diagramme.

● **3** Prüfe, ob man deine Erklärung der Unterschiede in den Diagrammen durch Messungen von abiotischen Umweltfaktoren bestätigen könnte und beschreibe zu erwartende Messergebnisse.

◒ **4** Beschreibe die Bedeutung von Zeigerarten für die Beurteilung eines Ökosystems.

TESTE DICH SELBST

Biomassepyramide für einen See

Unten stehende Grafik zeigt die Biomassepyramide für einen See und die zugehörige Biomasseproduktion.

1 *Biomasse und Biomasseproduktion im See*

○ **5** Vergleiche die Biomassepyramide von See (Abb. 1) und Wald (s. Seite 11) und beschreibe die Unterschiede.

◒ **6** Erkläre die Biomassepyramide mit dem Energiefluss und der Biomasseproduktion (Abb. 1, rechts).

◒ **7** Erläutere am Beispiel See, wie Biomasse über die Nahrungskette weitergegeben und durch die Destruenten wieder für Produzenten verfügbar wird.

Veränderung der Artenvielfalt durch Maisanbau

Zur Untersuchung der Auswirkung auf die Artenvielfalt wurden die Reviere verschiedener Vogelarten in Maisfeldern und Brachflächen an ausgewählten Standorten untersucht (Abb. 2).

	Braunkehlchen	Grauammer	Neuntöter	Wachtel
Maisfeld	0,7	2,5	0,8	0
Brachfläche	7,6	9,4	1,4	1,6

2 *Anzahl der Reviere pro Hektar*

○ **8** Erstelle aus den Daten in Abb. 2 ein Diagramm und leite eine Aussage daraus ab.

◒ **9** Stelle Hypothesen zur Ursache der unterschiedlichen Anzahl an Revieren im Maisfeld und im Brachland auf.

◒ **10** Bewerte die Nachhaltigkeit von Biobrennstoff aus dem Maisanbau in Monokultur.

Braunkehlchen

Grauammer

Neuntöter

Wachtel

3 *In Deutschland vorkommende Vogelarten*

Die Regionen eines Flusses

Die Regionen eines Flusses unterscheiden sich durch ihre abiotischen und biotischen Umweltfaktoren.

4 *Ober-, Mittel- und Unterlauf eines Flusses*

	Oberlauf	Mittellauf	Unterlauf
Strömung	stark	gering	sehr gering
Mineralstoffgehalt	gering	mittel	sehr hoch

5 *Abiotische Umweltfaktoren im Flussverlauf*

◒ **11** Vergleiche Ober- und Unterlauf eines Flusses mit dem Mittellauf. Verwende dazu Abb. 4 und 5.

◒ **12** Erläutere das Vorkommen verschiedener Lebewesen in den drei Regionen eines Flusses unter Einbeziehung von Abb. 5.

Verdrängung des Eichhörnchens in Mitteleuropa

	Eichhörnchen	Grauhörnchen
Lebensraum	Nadelwälder, auch Mischwälder	Laub- und Laubmischwälder
Nahrung	Allesfresser (Samen, Nüsse, Früchte, Knospen, Insekten, …)	Allesfresser (Samen, Knospen, Rinde Früchte, Insekten, …)
Lebensweise	tagaktiv, Nahrungssuche kletternd in Bäumen und am Boden	tagaktiv, Nahrungssuche kletternd in Bäumen und am Boden
Nistort	kugelförmige Nester in Bäumen oder Baumhöhlen	kugelförmige Nester in Bäumen oder Baumhöhlen
Rumpflänge/ Gewicht	20 – 25 cm/ 200 – 400 g	30 cm/ 400 – 700 g

6 *Eichhörnchen und Grauhörnchen*

Das amerikanische Grauhörnchen wurde durch den Menschen in England eingeführt, wo es das europäische Eichhörnchen bereits fast vollständig verdrängt hat. In Italien breitet es sich zurzeit stark aus. Eine Verdrängung des Eichhörnchens wird auch hier befürchtet.

○ **13** Die Steckbriefe in Abb. 6 geben Kennzeichen ökologischer Nischen an. Erläutere.

● **14** In Mitteleuropa wird ein Zurückdrängen des Eichhörnchens durch das Grauhörnchen befürchtet, jedoch keine vollständige Verdrängung erwartet. Begründe.

● **15** Lebewesen wurden und werden häufig aus fremden Ländern zur Jagd oder als Haustier eingeführt. Nenne Beispiele und bewerte dieses Handeln.

Lösungen „Teste dich selbst"

Ökologie

Aussage zur Ökologie

1 Die erste Aussage ist falsch. Beispielsweise hat ein Karpfen (Konsument) eine viel geringere Biomasse als eine Wasserpflanze (Produzent).
Die zweite Aussage stimmt.
Neue Arten zeigen oft an, dass sich die Bedingungen in einem Ökosystem verändert haben, sodass diese hier leben können. Zudem stellen sie selbst eine Umweltveränderung für die dort bisher lebenden Lebewesen dar.
Die dritte Aussage ist richtig. Destruenten spielen im Kohlenstoffkreislauf eine wichtige Rolle, da sie totes organisches Material zersetzen und den darin enthaltenen Kohlenstoff den Pflanzen wieder zur Verfügung stellen.
Die vierte Aussage ist nicht vollständig richtig. Nachhaltigkeit beinhaltet nicht nur eine langfristige Wirksamkeit, sondern auch Rücksicht auf Umwelt, Wirtschaft und Gesellschaft.

Stockwerke des Waldes

2 Im Fichtenwald ist die Baumschicht sehr dicht, sodass für die darunter liegenden Schichten kaum Licht vorhanden ist. Im Gegensatz dazu ist die Baumschicht im Eichenmischwald weniger dicht, so kann sich eine gewisse Strauchschicht und Krautschicht ausbilden.

3 Man müsste in den beiden Wäldern das Lichtangebot in den jeweiligen Schichten messen. Dabei wäre zu erwarten, dass im Fichtenwald geringere Werte gemessen werden.

4 Zeigerarten in einem Ökosystem sind für die Beurteilung eines Ökosystems deshalb geeignet, weil sie meist nur bei definierten Bedingungen existieren können. D.h. man muss nicht viele Einzelmessungen der biotischen oder abiotischen Bedingungen durchführen, wenn man weiß, unter welchen Bedingungen bestimmte Zeigerarten leben können.

Biomassepyramide für einen See

5 Im Gegensatz zum Wald ist im See die gespeicherte Biomasse der Produzenten geringer als die der Konsumenten 1. Ordnung und diese wiederum ist geringer als die Biomasse der Konsumenten 2. Ordnung. Offensichtlich speichern diese beiden Nahrungsstufen im See nur wenig Biomasse. Trotzdem ist ihre Produktivität hoch.

6 Grundsätzlich gelangt in der Nahrungskette immer weniger Energie in die nächste Nahrungsstufe. Dies hat zur Folge, dass die Biomasseproduktion von Stufe zu Stufe sinkt. Für die Biomasseproduktion ergibt sich also eine Pyramide. Für die gespeicherte Biomasse ergibt sich nur dann eine Pyramide, wenn von Stufe zu Stufe auch weniger Biomasse gespeichert wird. Im Wald ist das der Fall, im See nicht.

7 Im See stellen vor allem Algen des Phytoplanktons die Produzenten dar. Sie bilden Nährstoffe und damit Biomasse. Diese wird zu einem kleinen Teil über die Nahrungskette an Fische und Seevögel weitergeben. Auf jeder Stufe verlässt der größte Teil der Biomasse die Nahrungskette und wird von den Destruenten abgebaut. Dabei entstehen beispielsweise Mineralstoffe, die von den Produzenten wieder benötigt werden.

Veränderungen der Artenvielfalt durch Maisanbau

8 Als Diagramm eignet sich ein Säulendiagramm, in dem für jede Vogelart nebeneinander die Reviere in Maisfeldern bzw. Brachflächen dargestellt werden. Alternativ eignet sich hier auch ein Balkendiagramm, in dem die Anzahl der Reviere der verschiedenen Vogelarten auf der einen Seite in Maisfeldern, auf der anderen Seite in Brachflächen dargestellt werden. In Maisfeldern ist die Anzahl der Reviere für die angegebenen Vogelarten kleiner. Hier brüten weniger Vögel.

9 Maisfelder haben eine geringe Biodiversität, d.h. eine geringe Anzahl an verschiedenen Pflanzen- und Tierarten, wenig unterschiedlich gestaltete Lebensräume und Ernährungsmöglichkeiten. Bei Brachflächen ist diese größer, sie bieten den Vogelarten vielfältigere Möglichkeiten zur Ernährung und zum Brüten.

10 Je nach Einsatz von Maschinen sowie Dünge- und Pflanzenschutzmitteln für den Anbau der Pflanzen ist die Nachhaltigkeit von Biobrennstoff unterschiedlich groß. Betrachtet man nur die Treibhausgase, wird die Nachhaltigkeit mit zunehmendem Einsatz von Maschinen zum Anbau und Erhalt der Monokulturen kleiner, da diese selbst Brennstoffe benötigen. Ökologisch nachhaltig ist diese Art der biologischen Brennstoffgewinnung nicht, da hierfür vielfältige Ökosysteme in wenig vielfältige Monokulturen umgewandelt werden, wodurch es zur Verringerung der Biodiversität und oft zur Gefährdung von Pflanzen- und Tierarten kommt.

Die Regionen eines Flusses

11 Allen Flussabschnitten ist gemeinsam, dass Wasser in einem Flussbett fließt. Unterschiedlich sind die Fließgeschwindigkeiten des Wassers. Im Oberlauf fließt es schnell und reißt Geröll oder Sand mit. Der Fluss spült tiefe Täler aus. Im Bereich des Mittellaufs ist die Landschaft flacher. Die Fließgeschwindigkeit des Wassers nimmt ab. Der Fluss lagert Geröll und Sand ab. Es können Inseln oder Kiesbänke entstehen. Im Unterlauf ist die Fließgeschwindigkeit des Wassers am geringsten. Dadurch nehmen die Ablagerungen zu. Es bilden sich verzweigte Mündungsbereiche.

12 Im Oberlauf kommen wenig Wasserpflanzen vor, da die Strömung sehr stark ist. Im Mittellauf kommen viele Grünalgen vor. Der Mineralstoffgehalt ist hoch genug, das Wasser ist hinreichend klar, sodass die Algen Fotosynthese betreiben können. Im Unterlauf ist das Wasser mineralstoffhaltig, aber durch Schwebstoffe meist trüb, sodass weniger Licht in das Wasser dringt. Es kommen im Wasser wenig Pflanzen vor.

Veränderung des Eichhörnchens in Mitteleuropa

13 Als ökologische Nische werden alle Wechselwirkungen eines Lebewesens mit seiner Umwelt bezeichnet, die es aufgrund seiner körperlichen Angepasstheit und Lebensweise eingehen kann. Die beiden Steckbriefe beschreiben die Wechselwirkungen von Eichhörnchen und Grauhörnchen mit ihrer Umwelt. Dies sind gleichzeitig die Ansprüche dieser Arten an ihre Umwelt.

14 Das Eichhörnchen und das Grauhörnchen haben nahezu die gleiche ökologische Nische (Nahrung, Lebensweise, Nistort). Das Grauhörnchen ist nach den Erfahrungen aus England konkurrenzstärker und verdrängt das Eichhörnchen aus den von ihm nutzbaren Lebensräumen (Laub- und Laubmischwälder). Das Eichhörnchen wird vermutlich in Nadelwäldern überleben können, in denen das Grauhörnchen nicht vorkommt.

15 Gelangen diese Tiere in die Freiheit, konkurrieren die eingeführten Arten häufig mit einheimischen Arten, die eine ähnliche ökologische Nische nutzen. Wenn die eingeführten Tiere konkurrenzstärker sind, verdrängen sie die einheimischen Arten langfristig. Denn oftmals haben sie in der neuen Umgebung keine oder weniger natürliche Feinde, oder sie können sich besser gegen diese wehren. Vermehren sie sich zu stark, können sie den Bestand der einheimischen Art sowie den der Lebewesen, von denen sie sich ernähren, gefährden.
Bewertung: Fremde Arten sollten nur eingeführt werden, wenn ein Gefährdung von einheimischen Arten sicher ausgeschlossen werden kann.

Register

Bildnachweis

U1.1 Getty Images, München (Iconica/Justin Lewis); **3.1** dreamstime.com, Brentwood, TN (Elina); **3.2** www.panthermedia.net, München (Stefan Balling); **4.1** iStockphoto, Calgary, Alberta (Trevor Slauenwhite); **4.2** dreamstime.com, Brentwood, TN (Elina); **5.1** www.panthermedia.net, München (Stefan Balling); **5.2** plainpicture GmbH & Co. KG, Hamburg (Jim Erickson); **6.1a** iStockphoto, Calgary, Alberta (AVTG); **6.1b** iStockphoto, Calgary, Alberta (fotoVoyager); **7.2** Wirth, Nora, Frankfurt/Main; **8.1** Wirth, Nora, Frankfurt/Main; **8.2** iStockphoto, Calgary, Alberta (Pixelsatwork); **8.3** Nehren, Otto, Achern; **9.4** Nehren, Otto, Achern; **10.1a** Thinkstock, München (iStock/russ witherington); **10.1b** juniors@wildlife, Hamburg (D.Harms); **10.1c** stock.adobe.com, Dublin (Alexander von Düren); **10.1d** ShutterStock.com RF, New York (Carl Mckie); **10.2** Nehren, Otto, Achern; **11.3** Nehren, Otto, Achern; **11.4** Nehren, Otto, Achern; **12.1** Wirth, Jürgen, Dreieich; **13.1** iStockphoto, Calgary, Alberta (polygonplanet); **13.2** Schobel, Ingrid, Hannover; **14.1** Schobel, Ingrid, Hannover; **14.2** Herzig, Wolfgang, Essen; **15.3** Schobel, Ingrid, Hannover; **15.4** Getty Images Plus, München (iStock/selvanegra); **16.1a** Wirth, Jürgen, Dreieich; **16.1b** Wirth, Jürgen, Dreieich; **16.2** stock.adobe.com, Dublin (lcrms); **17.1** imago images, Berlin (blickwinkel/R. Kaufung); **17.2** Picture-Alliance, Frankfurt/M. (WILDLIFE/B.Stein); **17.3** imago images, Berlin (blickwinkel/fotototo); **17.4** Picture-Alliance, Frankfurt/M. (Augenklick/KUNZ); **17.5** Wirth, Jürgen, Dreieich; **17.6** ShutterStock.com RF, New York (TalyaPhoto); **18.1a** stock.adobe.com, Dublin (K.-U. Häßler); **18.1b** imago images, Berlin (Harald Lange); **18.2** Balonier, Matthias, Lützelbach; **19.4** iStockphoto, Calgary, Alberta (Andrew Howe); **20.1** Schobel, Ingrid, Hannover; **22.1** stock.adobe.com, Dublin (Klaus Offermann); **22.2** Wirth, Nora, Frankfurt/Main; **23.Rd.** Image Professionals, München (Science Photo Library/Varndell, Colin); **24.1** Nehren, Otto, Achern; **24.2** Nehren, Otto, Achern; **24.3** Okapia, Frankfurt (Colin Milkins/OSF); **24.4** Nehren, Otto, Achern; **24.5** Nehren, Otto, Achern; **25.1** Nehren, Otto, Achern; **25.2** Nehren, Otto, Achern;**26.1a** Thinkstock, München (iStock/Victor Burnside); **26.1b** iStockphoto, Calgary, Alberta (shurub); **26.2** Wirth, Jürgen, Dreieich; **27.3** Nehren, Otto, Achern; **27.3a** iStockphoto, Calgary, Alberta (Frank Leung); **27.3b** www.panthermedia.net, München (Alexander Erdbeer); **28.1** Wirth, Jürgen, Dreieich; **28.2** Wirth, Jürgen, Dreieich; **29.1** Wirth, Jürgen, Dreieich; **29.2** Nehren, Otto, Achern; **29.E** Schobel, Ingrid, Hannover; **30.1** Nehren, Otto, Achern; **30.2** Wirth, Jürgen, Dreieich; **31.1** imago images, Berlin (Nature Picture Library/Jan Hamrsky); **31.2** ShutterStock.com RF, New York (Wang LiQiang); **32.1** Nehren, Otto, Achern; **32.2a** Wirth, Jürgen, Dreieich; **32.2b** Wirth, Jürgen, Dreieich; **33.1** Nehren, Otto, Achern; **34.1** Nehren, Otto, Achern; **34.2** Schobel, Ingrid, Hannover; **35.1** Wirth, Jürgen, Dreieich; **35.2** Schobel, Ingrid, Hannover; **36.1a** Thinkstock, München (iStock/abadonian); **36.1b** stock.adobe.com, Dublin (Goss Vitalij); **36.1c** stock.adobe.com, Dublin (cybercrisi); **36.1d** Bananastock, Watlington / Oxon; **36.1e** stock.adobe.com, Dublin (kichigin19); **36.2** Nehren, Otto, Achern; **37.3** iStockphoto, Calgary, Alberta (Karel Broz); **37.4** imago images, Berlin (Enters); **38.1** stock.adobe.com, Dublin (mathias.elle); **40.1** stock.adobe.com, Dublin (Marion Neuhauß); **40.2** stock.adobe.com, Dublin (alicja neumiler); **41.3** Herzig, Wolfgang, Essen; **41.4** ShutterStock.com RF, New York (Ivan Chudakov); **42.2** Picture-Alliance, Frankfurt/M. (Mary Evans Picture Library/Steve Hopkin/ardea.com); **42.3** Schobel, Ingrid, Hannover; **42.4** Schobel, Ingrid, Hannover; **43.1** Mauritius Images, Mittenwald (FLPA/Alamy); **43.2** Balonier, Matthias, Lützelbach; **43.3a** Balonier, Matthias, Lützelbach; **43.3b** ShutterStock.com RF, New York (Bildagentur Zoonar GmbH); **43.3c** Thinkstock, München (iStock/Vassiliy Vishnevskiy); **43.3d** ShutterStock.com RF, New York (Florian Andronache); **44.1** imago images, Berlin (McPHOTO/Uwe Schwenk); **44.2** stock.adobe.com, Dublin (lcrms); **44.3** imago images, Berlin (blickwinkel/H. Bellmann/F. Hecker); **45.4** www.panthermedia.net, München (Martin Dworschak); **45.5** Wirth, Nora, Frankfurt/Main; **46.1** ddp media GmbH, Hamburg (dapd/Timur Emek); **47.3** Schobel, Ingrid, Hannover; **47.4** Schobel, Ingrid, Hannover; **48.1** Schobel, Ingrid, Hannover; **49.1** Nehren, Otto, Achern; **49.2** Schobel, Ingrid, Hannover; **49.3** Schobel, Ingrid, Hannover; **50.1** Die Bildstelle, Hamburg (REX FEATURES LTD.); **50.2** Schobel, Ingrid, Hannover; **51.3** Schobel, Ingrid, Hannover; **51.4** Schobel, Ingrid, Hannover; **52.1** Schobel, Ingrid, Hannover; **52.2** Schobel, Ingrid, Hannover; **53.1** Schobel, Ingrid, Hannover; **54.1** Nehren, Otto, Achern; **54.2** stock.adobe.com, Dublin (Cathleen Abers-Kimball); **55.1** Schobel, Ingrid, Hannover; **56.1** Schobel, Ingrid, Hannover; **56.3a** stock.adobe.com, Dublin (Vitaly Ilyasov); **56.3b** ShutterStock.com RF, New York (RazvanZinica); **56.3c** imago images, Berlin (blickwinkel/McPHOTO/M. Schaef); **56.3d** stock.adobe.com, Dublin (AGAMI); **57.4a** stock.adobe.com, Dublin (Gerisch); **57.4b** ShutterStock.com RF, New York (PeJo); **57.4c** Alamy stock photo, Abingdon (imageBROKER/Hans Blossey); **57.6a** stock.adobe.com, Dublin (Kerioak); **57.6b** stock.adobe.com, Dublin

Sicherheitshinweis
4qk8aw

Gefahren und Experimente im Unterricht

Eine Naturwissenschaft wie Biologie ist ohne Experimente nicht denkbar. Auch in Natura 7/8 findet sich eine Reihe von Versuchen.

Experimentieren mit Chemikalien ist jedoch nie völlig gefahrlos. Deswegen ist es wichtig, vor jedem Versuch mit dem Lehrer die möglichen Gefahrenquellen zu besprechen. Insbesondere müssen immer wieder die im Labor selbstverständlichen Verhaltensregeln beachtet werden. Die Vorsichtsmaßnahmen richten sich nach der Gefahr durch die jeweils verwendeten Stoffe.

Die geltenden Richtlinien zur Vermeidung von Unfällen beim Experimentieren sind zu beachten.

Da Experimentieren grundsätzlich umsichtig erfolgen muss, wird auf die üblichen Verhaltensregeln und die Regeln für die Sicherheit und den Gesundheitsschutz beim Umgang mit Gefahrstoffen im Unterricht nicht bei jedem Versuch gesondert hingewiesen.

Beim Experimentieren muss immer eine Schutzbrille getragen werden.

Zu gefährlichen Stoffen und Gefahrensymbolen stellen wir Informationen mit dem oben genannten Natura-Code bereit.

1. Auflage 1 5 4 3 2 | 26 25 24 23 22

Autor: Alexander Maier
Unter Mitarbeit von: Katharina Baack; Andrea Becker; Moana Constanze Dieckhoff; Claudia Dreher; Monika Eck; Dr. Detlef Eckebrecht; Birgit Hegemann; Dr. Justine Kießling; Bärbel Knabe; Roman Remé; Dr. Dr. Horst Schneeweiß; Dr. Hans-Jürgen Seitz; Christian Spieß; Christian Steinert; Manuel Wilborn; Dirk Wütherich

Entstanden in Zusammenarbeit mit dem Projektteam des Verlages.

Gestaltung: KOMA AMOK®, Kunstbüro für Gestaltung, Stuttgart
Umschlaggestaltung: KOMA AMOK®, Kunstbüro für Gestaltung, Stuttgart
Titelbild: Getty Images Deutschland GmbH RV (Iconica/Justin Lewis), München
Reproduktion: Meyle + Müller, Medien-Management, Pforzheim
Druck: Plump Druck & Medien GmbH, Rheinbreitbach

Printed in Germany
ISBN 978-3-12-049034-0

9 783120 490340